ΣBEST
シグマベスト

JN025260

最高水準

問題集

中1理科

文英堂

本書のねらい

▶ みなさんは,“定期テストでよい成績をとりたい”とか,“希望する高校に合格したい”と考えて毎日勉強していることでしょう。そのためには,**どんな問題でも解ける最高レベルの実力を身につける必要があります。**では,どうしたらそのような実力がつくのでしょうか。それには,よい問題に数多くあたって,自分の力で解くことが大切です。

▶ この問題集は,最高レベルの実力をつけたいという中学生のみなさんの願いに応えられるように,次の3つのことをねらいにしてつくりました。

1	教科書の内容を確実に理解しているかどうかを確かめられるようにする。
2	おさえておかなければならない内容をきめ細かく分析し,問題を1問1問練りあげる。
3	最高レベルの良問を数多く収録し,より広い見方や深い考え方の訓練ができるようにする。

▶ この問題集を大いに活用して,どんな問題にぶつかっても対応できる最高レベルの実力を身につけてください。

本書の特色と使用法

① すべての章を「標準問題」→「最高水準問題」で構成し,段階的に無理なく問題を解いていくことができる。

▶ 本書は,「標準」と「最高水準」の2段階の問題を解いていくことで,各章の学習内容を確実に理解し,無理なく最高レベルの実力を身につけることができるようにしてあります。

▶ 本書全体での「標準問題」と「最高水準問題」それぞれの問題数は次のとおりです。

標 準 問 題 ……118題　　最 高 水 準 問 題 ……77題

豊富な問題を解いて,最高レベルの実力を身につけましょう。

▶ さらに,学習内容の理解度をはかるために,編ごとに「**実力テスト**」を設けてあります。ここで学習の成果と自分の実力を診断しましょう。

② 「標準問題」で，各章の学習内容を確実におさえているかが確認できる。

▶ 「標準問題」は，各章の学習内容のポイントを1つ1つおさえられるようにしてある問題です。1問1問確実に解いていきましょう。各問題には[タイトル]がつけてあり，どんな内容をおさえるための問題かが一目でわかるようにしてあります。

▶ どんな難問を解く力も，基礎学力を着実に積み重ねていくことによって身についてくるものです。まず，「標準問題」を順を追って解いていき，基礎を固めましょう。

▶ その章の学習内容に直接かかわる問題に **重要** のマークをつけています。じっくり取り組んで，解答の導き方を確実に理解しましょう。

③ 「最高水準問題」は各章の最高レベルの問題で，最高レベルの実力が身につく。

▶ 「最高水準問題」は，各章の最高レベルの問題です。総合的で，幅広い見方や，より深い考え方が身につくように，難問・奇問ではなく，各章で勉強する基礎的な事項を応用・発展させた質の高い問題を集めました。

▶ 特に難しい問題には， **難** マークをつけて，解答でくわしく解説しました。

④ 「標準問題」には〈ガイド〉を，「最高水準問題」には〈解答の方針〉をつけ，基礎知識の説明と適切な解き方を確認できる。

▶ 「標準問題」には， **ガイド** をつけ，学習内容の要点や理解のしかたを示しました。

▶ 「最高水準問題」の下の段には， **解答の方針** をつけて，問題を解く糸口を示しました。ここで，解法の正しい道筋を確認してください。

⑤ くわしい〈解説〉つきの別冊解答。どんな難しい問題でも解き方が必ずわかる。

▶ 別冊の「解答と解説」には，各問題のくわしい解説があります。答えだけでなく， **解説** もじっくり読みましょう。

▶ **解説** には **得点アップ** を設け，知っているとためになる知識や高校入試で問われるような情報などを満載しました。

もくじ

1 身近な生物

標準問題 ──────────────────────── 解答 別冊 p.2

重要 001 [顕微鏡の使い方]

顕微鏡を用いて，学校の池にすむ小さな生物を観察した。次の問いに答えなさい。

(1) 顕微鏡の操作について述べた次の文章を，正しい順番に並べかえ，記号で答えよ。

[　 → 　 → 　 → 　 → 　]

ア 横から見ながら，対物レンズの先端をプレパラートにできるだけ近づける。

イ 低倍率で，接眼レンズをのぞきながら，反射鏡の角度を変え，視野全体を明るくする。

ウ プレパラートをステージにのせ，クリップでとめる。

エ 接眼レンズと対物レンズを，顕微鏡にとりつける。

オ 接眼レンズをのぞきながら，調節ねじを回して，ピントを合わせる。

(2) 図1のように見える試料を顕微鏡の視野の中央にもってくるためには，プレパラートをどの方向に移動させればよいか。a〜hから1つ選び，記号で答えよ。

[　]

図1

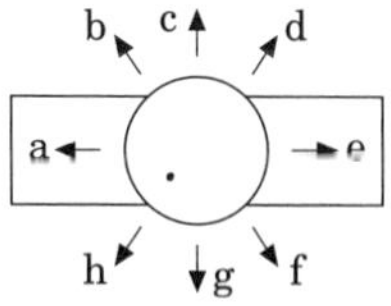

中央の円は視野を表している。
・が試料

(3) 顕微鏡の倍率を600倍にするとき，接眼レンズの倍率が15倍の場合，対物レンズの倍率は何倍にすればよいか。

[　]

(4) 図2は，対物レンズとプレパラートを示したものである。対物レンズを低倍率のものから高倍率のものに変えると，対物レンズとプレパラートの距離はどのようになるか。簡単に記せ。

[　]

図2

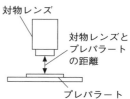

対物レンズ

対物レンズとプレパラートの距離

プレパラート

(5) 図3のア〜ウのうち，最も高い倍率の対物レンズはどれか。

[　]

図3

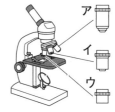

ア

イ

ウ

(6) (4)のとき，見える範囲はどのように変わるか。簡単に記せ。

[　]

(7) (4)のとき，視野の明るさはどのようになるか。簡単に記せ。

[　]

ガイド (3)接眼レンズの倍率と対物レンズの倍率をかけ合わせたものが顕微鏡の倍率である。

002 〉[水中の小さな生物]

生物の観察や水中の小さな生物について，次の問いに答えなさい。

(1) 生物を観察してスケッチする方法として，正しいものはどれか。ア〜カからすべて選べ。
[　　　　　　　　]

　ア　鉛筆をよく削り，1本の細い線や点でかく。

　イ　対象とするもののみを正確にかく。

　ウ　立体感を表現するために，影をつける。

　エ　スケッチで表せないことは，言葉で記録する。

　オ　ルーペや顕微鏡で観察する場合は，視野を示す丸いふちをかく。

　カ　小さいものをスケッチするときも，できるだけ大きくかく。

(2) 下のア〜カは，水中にすむ小さな生物である。ア〜カの生物の名称を答えよ。

ア[　　　　　]　イ[　　　　　]　ウ[　　　　　]
エ[　　　　　]　オ[　　　　　]　カ[　　　　　]

ア　　　　　イ　　　　　ウ　　　　　エ　　　　　オ　　　　　カ

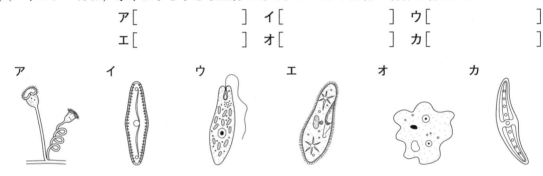

(3) (2)のア〜カのうち，次の①，②にあてはまる生物をすべて選び，それぞれ記号で答えよ。
①[　　　　　]　②[　　　　　]

　①　光合成を行う生物

　②　繊毛を使って運動する生物

ガイド　(1)観察のときのスケッチでは形や構造の正確さが求められる。そのため，美術のスケッチで用いられる陰影などの技法は使わない。

003 〉[ルーペの使い方]

図1のようなルーペを用いて，図2のように，野外から採取してきたタンポポの花を観察した。ピントの合わせ方として最も適当なものを，次のア〜エから1つ選び，記号で答えなさい。[　　　　]

図1

図2

ア　自分の頭を前後に動かしてピントを合わせる。

イ　花とルーペを前後に動かしてピントを合わせる。

ウ　花を前後に動かしてピントを合わせる。

エ　ルーペを前後に動かしてピントを合わせる。

ガイド　自分で動かせないものをルーペで観察するには，自分の頭を前後に動かしてピントを合わせる。

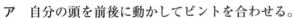

004 [双眼実体顕微鏡]

右の図は，双眼実体顕微鏡である。これについて，次の問いに答えなさい。

(1) 図のような双眼実体顕微鏡は，どのような観察に適した顕微鏡といえるか。次のア〜エから1つ選び，記号で答えよ。　　　　　　　　　　　　[　　　]

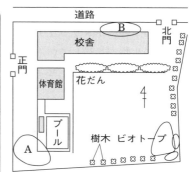

　ア　観察するものを，20〜40倍の倍率で，平面的に観察することに適した顕微鏡である。

　イ　観察するものを，20〜40倍の倍率で，立体的に観察することに適した顕微鏡である。

　ウ　観察するものを，40〜600倍の倍率で，平面的に観察することに適した顕微鏡である。

　エ　観察するものを，40〜600倍の倍率で，立体的に観察することに適した顕微鏡である。

(2) 図の双眼実体顕微鏡で，a：対物レンズ，b：視度調節リングはそれぞれどれか。図中の番号で答えよ。

　　　　　　　　　　　　　　　　　　　　　a[　　　]　b[　　　]

005 [身近な植物]

校庭や学校周辺で植物地図づくりをした。下図は学校の見取り図である。タンポポとゼニゴケが見られた場所の組み合わせを，次のア〜エから1つ選び，記号で答えなさい。　　　　　　[　　　]

	タンポポ	ゼニゴケ
ア	A	B
イ	B	A
ウ	A	A
エ	B	B

ガイド　日当たりや湿度を考える。

最高水準問題 ——————————————————————————— 解答　別冊 p.3

006 池の底の水と泥を採取して顕微鏡で観察したところ，図1の生物が見られた。次の問いに答
えなさい。
（東京学芸大附高改）

(1) 図1の生物の名称を答えよ。また，およその大きさをア～ウから選んで答えよ。

名称[　　　　　　　　]　大きさ[　　　　]　　図1

ア　0.02mm　　イ　0.2mm　　ウ　2mm

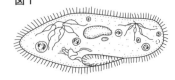

(2) 図1の生物をたくさん集めて次のような実験を行った。

水で100倍，400倍にうすめた酢と，0.05％の水酸化ナトリ
ウム水溶液をつくった。それぞれの溶液，および水を小さな
ろ紙にしみこませてスライドガラス上に置き，その上にこの生物をほぼ同数含む液を置いた。また，
ろ紙を置かずに，図1の生物が含まれていた溶液をスライドガラス上に置いた。しばらくすると，
それぞれ図2のようになった。

図2

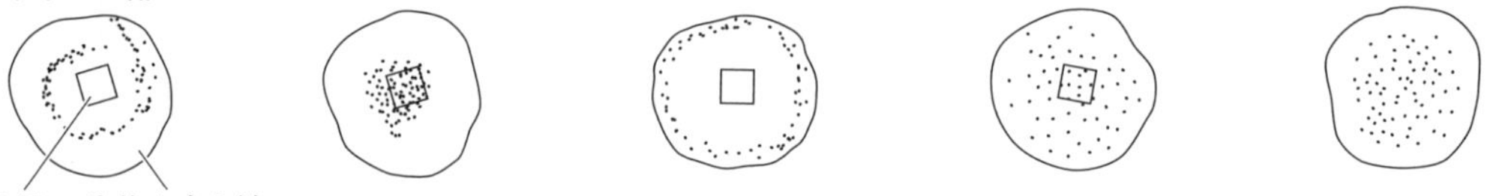

100倍に うすめた酢	400倍に うすめた酢	0.05％水酸化 ナトリウム水溶液	水	図1の生物が 含まれていた溶液

ろ紙　生物を含む液

以上の結果から立てた仮説として適当でないものを，次のア～オから選べ。　　[　　　　]

ア　この生物は，この5つの条件のなかでは0.05％水酸化ナトリウム水溶液を最も嫌うと考えられる。

イ　この生物は100倍にうすめた酢よりも400倍にうすめた酢のほうを好むと考えられる。

ウ　この生物は水よりもうすめた酢のほうを好むと考えられる。

エ　この生物が生活している環境に最も近いのは，水であると考えられる。

オ　水溶液の性質を変化させていくと，この生物が好む環境もあれば嫌う環境もあると考えられる。

007 ゾウリムシを顕微鏡で観察した。これについて，次の問いに答えなさい。

（東京・お茶の水女子大附高）

(1) 一定の速さで動くゾウリムシを，10倍の接眼レンズと40倍の対物レンズを使って観察した。こ
のうち，対物レンズだけを10倍に変えた場合，視野を横切るゾウリムシの見た目の速さは，40倍
の対物レンズのときに比べて何倍になるか答えよ。

[　　　　　　　]

(2) ゾウリムシの泳ぐ速さを調べるため，右図のように視野の中に見え
る目盛りを使った。この目盛りは,60目盛り分の長さがちょうど2.04mm
である。この目盛りを使ってゾウリムシの速さを測ったところ，図中
20の目盛りと70の目盛りの間を2.0秒で通過した。これは，毎分何
mmの速さか。計算で求めよ。

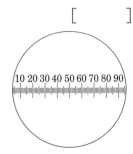

[　　　　　　　]

(3)　ゾウリムシ(体長 0.18 mm)が，ヒト(体長 180 cm)と同じ大きさになった場合の速さは，時速何 km になるか。(2)の解答を使って答えよ。ただし，からだの大きさと速さは比例するものとして考えよ。例をあげると，100 m を 10 秒で走るヒトの身長が 10 倍になった場合，100 m を 1 秒で走ることになる。　　　　　　　　　　　　　　　　　　　　[　　　　　　　]

008　顕微鏡について，次の問いに答えなさい。　　　　　　　　　　　　　　(長崎・青雲高)

(1)　図は，接眼レンズ，対物レンズを真横から見たようすを模式的に表したものである。接眼レンズは×5，×10，×15 の 3 種類，対物レンズは×7，×15，×40 の 3 種類である。図の接眼レンズと対物レンズを組み合わせたとき，倍率が 4 番目に低くなるのは，どれとどれの組み合わせか。ア～カの記号で答えよ。　　　　　　　　　　　　　　　　　[　　　　　　　]

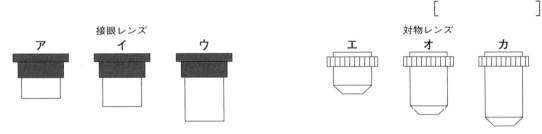

接眼レンズ　ア　イ　ウ　　　対物レンズ　エ　オ　カ

(2)　×5 の接眼レンズと，×15 の対物レンズの組み合わせで観察したところ，小さな生物が視野の中央に観察された。プレパラートを動かさず，対物レンズのみを×40 のものに変えたとき，視野における生物の面積は，対物レンズを変える前の何倍になるか。分数で答えよ。　　[　　　　　　　]

009　次の文の(　)にあてはまる語句の組み合わせとして正しいものを次のア～エから 1 つ選び，記号で答えなさい。　　　　　　　　　　　　　　　　　　　　(愛知・名城大附高)

　　顕微鏡のレンズは先に(　a　)を取りつける。視野を明るくしたい場合は(　b　)と(　c　)を調節する。　　　　　　　　　　　　　　　　　　　　　　　　　　　　[　　　　　　　]

ア　a　接眼レンズ　　b　反射鏡　　c　しぼり
イ　a　対物レンズ　　b　反射鏡　　c　しぼり
ウ　a　接眼レンズ　　b　しぼり　　c　調節ねじ
エ　a　対物レンズ　　b　しぼり　　c　調節ねじ
オ　a　接眼レンズ　　b　反射鏡　　c　調節ねじ

解答の方針

007　(1)倍率が低くなれば，視野が広くなる点に注目する。

008　(2)たとえば，倍率が 2 倍になると，面積は 2×2 倍になる。

2 植物のからだのつくりとなかま分け

標準問題 ──────────────────────── 解答 別冊 p.3

重要 010 [いろいろな花のつくり]

校庭の植物についての観察を行った。次の問いに答えなさい。

〔観察1〕 アブラナの花を採取し，カミソリで切って断面のようすを観察した。図1は，そのようすを模式的に表したものである。

〔観察2〕 イチョウの雌雄2種類の花を採取して観察した。図2は，そのスケッチである。

〔観察3〕 続いて，マツの花を観察した。図3は，そのスケッチで，図4は，マツの花から採取したりん片の1つを，ルーペで観察したものである。

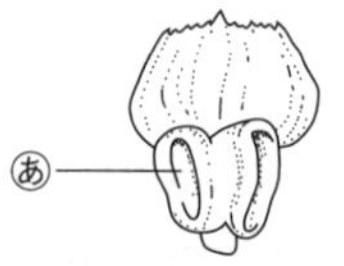

(1) 図1のア～オの名称を答えよ。

ア[　　　　　　] イ[　　　　　　]
ウ[　　　　　　] エ[　　　　　　]
オ[　　　　　　]

(2) イチョウの雌花は，図2のa，bのうちどちらか。また，マツの雌花は，図3のc，dのうちどちらか。それぞれ記号で答えよ。

イチョウ[　　　　] マツ[　　　　]

(3) 図4のりん片は，図3のc，dのうちどちらの花のものか。また⒜の部分のもつはたらきは，図1のア～オのうち，どの部分のはたらきと同じものか。それぞれ記号で答えよ。

りん片[　　　] ⒜のはたらき[　　　　]

図1 アブラナの花の断面
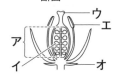

図2 イチョウの花

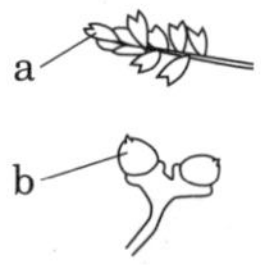

図3 マツの花
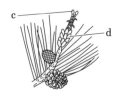

図4 マツの花のりん片

ガイド (2)イチョウの雌花の先端には胚珠がついている。イチョウは裸子植物なので，胚珠がむきだしになっている。マツの花粉は風で運ばれ，雌花はそれを受粉しやすい位置にある。

(3)図4のりん片には花粉のうがある。

---

011 [被子植物の分類]

次の文中の[　　　　]の1～4にあてはまることばや数字を答えなさい。また，[　　　　]のA，Bのそれぞれにあてはまる植物を，あとのア～カからすべて選び，記号で答えなさい。

1[　　　　　] 2[　　　　　] 3[　　　　　] 4[　　　　　]
A[　　　　] B[　　　　]

　被子植物は，根や茎のつくり，葉脈の通り方，子葉の数により，2種類に分類することができる。ホウセンカは，葉脈が網目状に通り，子葉の数が　1　枚の　2　類である。　2　類のなかまには，　A　などがある。また，トウモロコシは葉脈が平行に通り，子葉の数が　3　枚の　4　類である。　4　類のなかまには　B　などがある。

ア　イチョウ　　イ　サクラ　　ウ　ユリ　　エ　スギ　　オ　タンポポ　　カ　イネ

012 〉[シダ植物・コケ植物]

植物のからだのつくりに興味をもった太郎さんは，理科の授業で，シダ植物とコケ植物の特徴をまとめることにした。まず，図1のような，シダ植物やコケ植物の特徴を書いたカードを用意した。次に，図2のように，黒板に円を2つかき，シダ植物だけにあてはまるカードをAの場所に，コケ植物だけにあてはまるカードをCの場所に，シダ植物とコケ植物の両方にあてはまるカードをBの場所に，それぞれ貼り付けた。次に，理科室で育てているコケ植物のスギゴケをルーペで観察しようとしたところ，図3のXの部分が，Pのように，乾燥して縮れていた。そこで，太郎さんは，コケ植物の，水の吸収と移動に関する特徴について学んだことを生かし，図3のXの部分を，Qのように，水を含んだ状態にもどしてから観察した。次の問いに答えなさい。

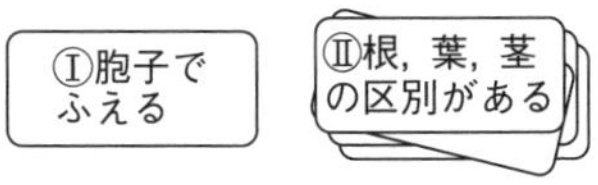

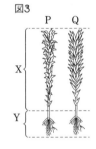

図1

①胞子でふえる　②根，葉，茎の区別がある

図2

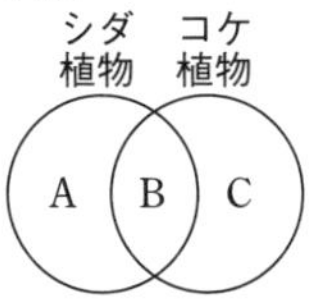

シダ植物　コケ植物

A　B　C

図3

P　Q

X

Y

(1)　図1の①と②のカードは，それぞれ図2のA〜Cのどの場所に貼り付ければよいか。A〜Cから1つずつ選び，記号で答えよ。　　　　①[　　　]　②[　　　]

(2)　次の文の{　}の中から，適当なものを選び，記号で答えよ。　　　　　[　　　]

　図3のXの部分を，PからQの状態にするためには，{ア．Xの部分　イ．Yの部分}を水でしめらせるとよい。

ガイド (2)スギゴケのYの部分は根ではなく，仮根というからだを支える部分である。

重要 013 ▷ [被子植物とコケ植物]

被子植物とコケ植物の特徴を比べるため，スズメノカタビラとゼニゴケについて観察したり，資料で調べたりした。次の問いに答えなさい。

(1) 図1のスズメノカタビラの葉脈は平行になっている。根のようすはどのようになっているか。図1に根の部分をかき加えよ。

(2) 図2のゼニゴケはからだのつくりが簡単で花を咲かせない。スズメノカタビラはなかまをふやすために，花を咲かせ種子をつくっているが，ゼニゴケはどのようにしてなかまをふやしているか。　[　　　　　　　　　]

図1　図2

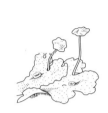

———地面

(3) スズメノカタビラとゼニゴケの共通点は何か。次のア～エから1つ選び，記号で答えよ。
[　　　]

ア　陸上で生活する。　　　　　イ　種子でふえる。
ウ　根・茎・葉の区別がある。　エ　ひげ根をもつ。

ガイド (1)平行脈は単子葉類の特徴である。

014 ▷ [植物のなかま(1)]

右の図のA～Dは，植物や，植物のようにからだを固定して生活する4種類の生物を観察し，全体または一部をスケッチしたものである。BとDにはあてはまるがA，Cにはあてはまらない特徴(①)と，Cだけにあてはまる特徴(②)を，次のア～カからそれぞれ1つずつ選び，記号で答えなさい。

①[　　　] ②[　　　]

ア　種子でふえる。
イ　胞子でふえる。
ウ　水中で生活する。
エ　陸上で生活する。
オ　根・茎・葉の区別があり，水を根から吸収する。
カ　根・茎・葉の区別がなく，水をからだの表面全体から吸収する。

ガイド Aはイヌワラビ，Bはスギゴケ，Cはイチョウ，Dはワカメである。

015 [植物のなかま(2)]

右の図は，さまざまな植物および植物に近い生物のからだの一部を示したものである。この図を参照して，次の問いに答えなさい。

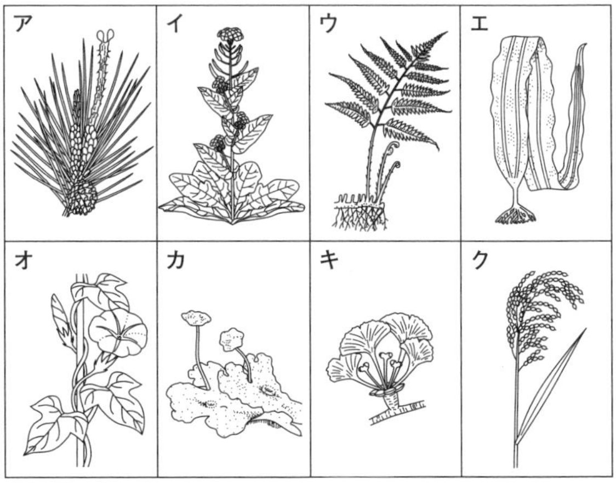

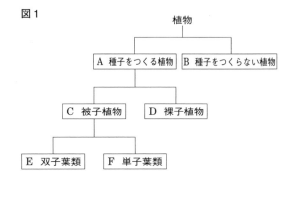

(1) 図に示された植物のなかで，花を咲かせる植物をすべて選び，記号で答えよ。また，そのように花を咲かせる植物のなかまをまとめて何と呼ぶか。植物群の名前を答えよ。

記号 [　　　　　　　]
名前 [　　　　　　　]

(2) 図に示された植物のなかで，子房で包まれていない胚珠をもつ植物をすべて選び，記号で答えよ。また，そのように胚珠が子房で包まれていない植物のなかまをまとめて何と呼ぶか。植物群の名前を答えよ。　　　記号 [　　　　　　　]　名前 [　　　　　　　]

016 [植物の分類(1)]

下にあげた6つの植物を，図1のように，なかま分けしたい。あとの問いに答えなさい。

| イチョウ | イヌワラビ | イネ |
| ゼニゴケ | ホウセンカ | マツ |

図1
植物
├ A 種子をつくる植物　B 種子をつくらない植物
└ A → C 被子植物　D 裸子植物
　　　 C → E 双子葉類　F 単子葉類

(1) Bにあてはまる植物を [　　　] のなかから，すべて選べ。また，Bにあてはまる植物は，種子をつくるかわりに何をつくって子孫をふやしているか。

植物 [　　　　　　　]
つくるもの [　　　　　　　]

(2) Dにあてはまる植物を [　　　] のなかから，すべて選べ。また，Dにあてはまる植物の花のつくりの特徴を，Cにあてはまる植物との違いがわかるように書け。

植物 [　　　　　　　]
特徴 [　　　　　　　]

(3) Eにあてはまる植物とFにあてはまる植物について，次の問いに答えよ。

① Fにあてはまる植物を [　　　] の中から選べ。

[　　　　　　　]

図2

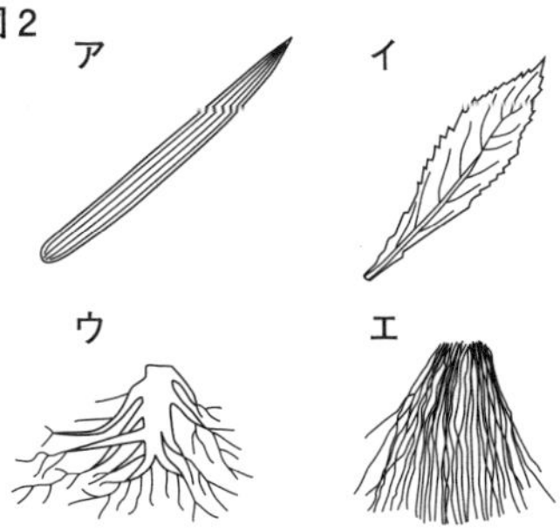

② 図2は，Eにあてはまる植物とFにあてはまる植物のそれぞれの葉と根をスケッチしたものである。Eにあてはまる植物の葉と根にあてはまるものを，ア～エからそれぞれ選べ。　　　葉 [　　　　　　　]　根 [　　　　　　　]

017 〉[種子をつくらない植物]

下の図1は，シダ植物のからだのつくりと葉の裏の一部を拡大したものである。図2は，ジャガイモの一般的に食用とされている部分を示したものである。あとの問いに答えなさい。

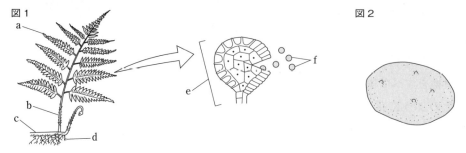

(1)　図1のe，fは何か。それぞれ名称を答えよ。

　　　　　　　　　　　　　　　　　　　　e [　　　　　　　]　f [　　　　　　　]

(2)　図1のa〜fのうち，図2に相当する部分はどこか，記号で答えよ。　　　[　　　　]

(3)　シダ植物にあるつくりで，ゼニゴケにはないからだのつくりは何か，名称を答えよ。

　　　　　　　　　　　　　　　　　　　　　　　　[　　　　　　　　　　　　　　　]

> **ガイド**　(2)ジャガイモの食用になる部分は，茎が変化したものである。

018 〉[種子をつくる植物]

次の問いに答えなさい。

(1)　タマネギに最も近いなかまはどれか。次のア〜オから1つ選び，記号で答えよ。

　　　　　　　　　　　　　　　　　　　　　　　　　　　　　　　　[　　　　]

　　ア　エンドウ　　イ　スギ　　ウ　ユリ
　　エ　イチョウ　　オ　タンポポ

(2)　タマネギの花はどれか。次のア〜オから最も適するものを1つ選び，記号で答えよ。

　　　　　　　　　　　　　　　　　　　　　　　　　　　　　　　　[　　　　]

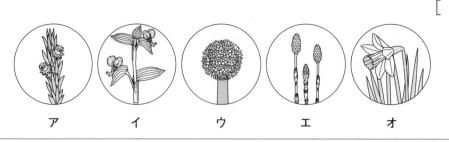

> **ガイド**　(1)スギやイチョウは樹木なので除外できる。一般的に，裸子植物は大きな木になるものが多い。タマネギと同じなかまは，子葉に注目して考える。

019 〉[植物の分類(2)]

植物の分類について，次の問いに答えなさい。

(1) 次の植物のうち，下のA〜Eにあてはまるものをそれぞれすべて選び，記号で答えよ。

A[   ] B[   ] C[   ] D[   ] E[   ]

＜植物＞

ア マツ　　　　イ アブラナ　　　ウ ゼニゴケ　　エ アサガオ　　オ イチョウ

カ エンドウ　　キ サクラ　　　　ク タンポポ　　ケ スギ　　　　コ ソテツ

サ チューリップ シ トウモロコシ　ス ユリ　　　　セ イネ　　　　ソ ツツジ

タ ツユクサ

A 裸子植物　　B 単子葉類　　C 離弁花類　　D 合弁花類

E 種子をつくらない植物

(2) 次の①，②のような植物をそれぞれ何というか。植物の分類上の名称を答えよ。

①[   ] ②[   ]

① 子葉が2枚あり，葉脈が網状脈で，主根と側根の区別がある。(1)のCとDがあてはまる。

② 胚珠が子房に包まれている植物。(1)のB，C，Dがあてはまる。

020 〉[植物の分類(3)]

下の図は，植物を分類したものである。あとの問いに答えなさい。

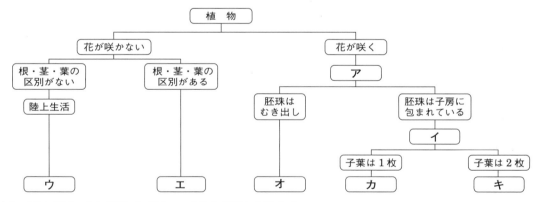

(1) 図のアとイの植物のグループ名を漢字で答えよ。

ア[   ] イ[   ]

(2) 図のウ〜キにあてはまるグループ名と植物名を，語群Ⅰと語群Ⅱより1つずつ選んで答えよ。

ウ[   ] エ[   ]
オ[   ] カ[   ]
キ[   ]

〔語群Ⅰ〕　　シダ植物　　単子葉類　　コケ植物　　双子葉類　　裸子植物

〔語群Ⅱ〕　　スギ　　　　スギゴケ　　イヌワラビ　　イネ　　　　アサガオ

最高水準問題 ──────────────────────── 解答 別冊 p.5

021 次の文章を読んで，あとの問いに答えなさい。 （京都・洛南高）

クロマツの花はいわゆる「あだ花」で，①花びら（花弁）をもっていません。四月ごろ，まっすぐに立った新しい枝の先に赤紫色の ___a___ の花穂を数個つけます。___a___ の1つのりん片にある〔あ1つ・2つ・3つ・4つ〕の ___b___ は外にむき出しになっています。このような植物を裸子植物とよんでいます。マツのほかに〔 A 〕も裸子植物です。枝の下にはたくさんの ___c___ の花穂がたばになってついています。___c___ の花穂は〔い球形・円すい形・たまご形・ひょうたん形〕で，その②粉袋から黄色い③花粉をはじき出します。この花粉は風で飛び散って黄色い砂ぼこりのように見えます。花が終わると，丸い実を結びますが，その中に数多くの④たねをつくります。

（『牧野富太郎植物記』より）

(1) ___a___ ～ ___c___ に適する語を，次のア～オからそれぞれ1つずつ選び，記号で答えよ。

a[　] b[　] c[　]

ア 胚のう　　イ 胚珠　　ウ 子房　　エ 雄花　　オ 雌花

(2) 下線部①について，花弁をもたない植物を，次のア～カから3つ選び，記号で答えよ。

[　]

ア タケ　　イ ウメ　　ウ ヤナギ　　エ ツユクサ　　オ ナズナ　　カ スギ

(3) 下線部②について，この粉袋のことを何というか。その名称を答えよ。 [　]

(4) 下線部③，④について，クロマツの花粉とクロマツのたねを，次のア～クからそれぞれ1つ選び，記号で答えよ。 花粉[　] たね[　]

(5) 〔 あ 〕・〔 い 〕から，それぞれ最も適当なことばを選んで答えよ。

あ[　] い[　]

(6) 〔 A 〕に適する植物を，次のア～コからすべて選び，記号で答えよ。

[　]

ア スギナ　　イ ヒノキ　　ウ クルミ　　エ カシ　　オ ソテツ
カ ワラビ　　キ クリ　　ク タケ　　ケ イチョウ　　コ ブナ

022 右図の植物は分類上どの生物のなかまか選び，記号で答えなさい。　（東京・お茶の水女子大附高）

ア　アオミドロ
イ　スギゴケ
ウ　ニュウサンキン
エ　マツタケ
オ　イネ
カ　ゼンマイ

[　　　]

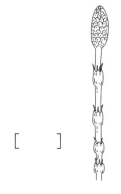

023 次の図Aは被子植物のめしべの，図Bはサクラの果実の断面を模式的に表したものである。図B中の斜線の部分は図Aのどの部分に対応するか，図Aの該当する部分を黒くぬりつぶしなさい。

図A

図B

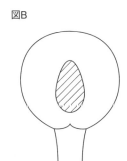

024 ダイコンの種子をまくとしばらくして発芽し，図1のようになった。さらに成長させ，1週間ほど経過した後には，図2のようになった。次の問いに答えなさい。　（東京学芸大附高）

図1

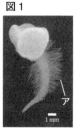

図2

図3

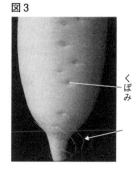

(1)　図1のア，図2のイはそれぞれ何というか。

ア[　　　　　　　]
イ[　　　　　　　]

(2)　私たちが食べているダイコンには，図3のように側面に並んだくぼみが見られ，先端部ではくぼみから細長く伸びたものが見られる（図3矢印）。この細長いものは何に相当するか。次のア〜オから1つ選び，記号で答えよ。　　　　　　　　　　　　　　　[　　　]

ア　図1のア　　イ　図2のイ　　ウ　ひげ根　　エ　茎　　オ　主根

解答の方針

022　つくしはスギナの形態の1つである。
024　⑴アは発芽後すぐ，イは1週間後。根の構造ができるには時間がかかる。

025 キク科のタンポポは，被子植物の双子葉類である。タンポポは，図
　　　1の小さな花がたくさん集まり，1つの大きな花を形成する。次の問
　　　いに答えなさい。　　　　　　　　　　　　　　　　（鹿児島・ラ・サール高）

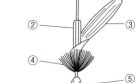

図1

(1)　被子植物の双子葉類のもつ一般的な特徴について，次の文の(a)～(c)に
　　入ることばをそれぞれ選び，記号で答えよ。

　　　　　　　　　　　　(a)[　　　]　(b)[　　　]　(c)[　　　]

　・子葉の数は，(a){ア．1枚　イ．2枚}である。

　・葉の葉脈は，(b){ア．網状脈　イ．平行脈}である。

　・根は，(c){ア．ひげ根　イ．主根と側根}である。

(2)　タンポポと同じ，キク科の植物を2つ選び，記号で答えよ。

　　ア　カタクリ　　　イ　シクラメン　　　ウ　スミレ　　　エ　チューリップ

　　オ　ハス　　　　　カ　ハルジオン　　　キ　ヒマワリ

　　　　　　　　　　　　　　　　　　　　　　　　[　　　][　　　]

(3)　次のア～エは，図1の①～⑤のどの部分か。番号とその名称を答えよ。

　　ア　花粉ができる　　イ　花粉が受粉する　　ウ　種子ができる　　エ　綿毛に変化する

　　　　　　ア[　　]　名称[　　　　　　　]　イ[　　]　名称[　　　　　　　]

　　　　　　ウ[　　]　名称[　　　　　　　]　エ[　　]　名称[　　　　　　　]

(4)　次の文の㋐，㋑に最も適する数値を答えよ。

　　　　　　　　　㋐[　　　　　　　]　㋑[　　　　　　　]

図2

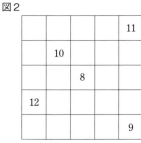

（数字は個体数を示す）

　　草原（200 m²）に生えているタンポポの個体数を調べてみることに
　した。草原全体の個体数を実際に調べるのは大変なので，草原の一部
　（25 m²）を25区画の正方形に区切り，このうち，ランダムに選んだ5
　区画について実際に個体数を調べた。1区画は，1 m²にした。その結
　果を図2にまとめた。この結果から1区画あたりの平均個体数を求め，
　草原全体の個体数を推定することにした。1区画の面積は草原全体の
　面積の$\frac{1}{㋐}$なので，草原全体の個体数は，1区画の平均個体数の㋐倍と
　なり，草原全体の個体数は，㋑個体と推定される。

026 下の図は，植物のなかまを分けたものである。A〜Gは同じ特徴をもつ植物のなかまを表す名前である。H〜Kは，Gを花弁の数と形により分けたものである。また，（ ① ），（ ② ）は花の部分である。次の問いに答えなさい。

（大阪星光学院高）

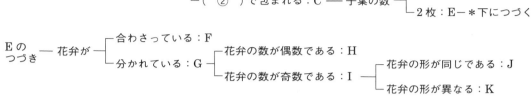

(1) 上の図の（ ① ），（ ② ）に適する語句を答えよ。

①［　　　　　　　］ ②［　　　　　　　］

(2) 上の図のB〜Eの植物のなかまは何とよばれるか。次の解答例にならって答えよ。

解答例：A　種子植物

B［　　　　　　　］ C［　　　　　　　］ D［　　　　　　　］ E［　　　　　　　］

(3) 下の**表1**は，植物D，Eの葉脈・根のそれぞれについての違いを比較したものである。（ a ）〜（ e ）に適する語句の組み合わせを**表2**のア〜エから1つ選び，記号で答えよ。

［　　　　］

表1　D，Eについての違いの比較

	葉脈	根
D	（ a ）である	（ c ）
E	（ b ）である	（ d ）と（ e ）

表2　組み合わせ

	a	b	c	d e
ア	平行脈	網状脈	ひげ根	主根，側根
イ	網状脈	平行脈	側根	主根，ひげ根
ウ	平行脈	網状脈	側根	主根，ひげ根
エ	網状脈	平行脈	ひげ根	主根，側根

(4) 上の図のH，J，Kの植物のなかまを，次の語群のア〜オから選び，記号で答えよ。ただし，語群の植物はすべて，H，J，Kのどれかにあてはまる。

H［　　］ J［　　］ K［　　］

〔語群〕 ア ナズナ　 イ エンドウ　 ウ サクラ　 エ アブラナ　 オ ツメ

解答の方針

025 ⑷全区画とも1区画平均の個体数ずつ生えていると仮定して，草原全体のおよその個体数を計算すればよい。

027 次の(1)～(8)の特徴にあてはまる生物を，次の(名称)A～Lと(図)ア～シから，それぞれ選び，記号で答えよ。

(兵庫・灘高)

| | (1) | 名称[　] | 図[　] | (2) | 名称[　] | 図[　] |

(1) 名称[　] 図[　]　(2) 名称[　] 図[　]

(3) 名称[　] 図[　]　(4) 名称[　] 図[　]

(5) 名称[　] 図[　]　(6) 名称[　] 図[　]

(7) 名称[　] 図[　]　(8) 名称[　] 図[　]

(名称)

A. スギナ　　B. マツ　　C. スギ　　D. スサビノリ　E. ソテツ　F. ワカメ

G. オヒルギ　H. ゼンマイ　I. イチョウ　J. ブナ　　　K. ワラビ　L. コンブ

図
ア　イ　ウ　エ
オ　カ　キ　ク
ケ　コ　サ　シ

(1)　山の峰や河原など栄養の少ない土地にはえる常緑針葉樹。雌雄同体で，新年に門の飾りとする地域もある。この木の根には共生菌がつきキノコがはえることもあるが，このキノコの人工栽培は困難である。

(2)　日本では街路樹として使われ，葉は扇形。花は目立たず，受粉は春だが，夏に花粉の中に精子ができて受精する。中国原産の「生きている化石」である。葉が黄色の落葉高木で秋には「ぎんなん」が採れる。

(3)　マングローブ林を形成する植物で，日本では沖縄のような亜熱帯の河口に生える。耐塩性で，泥の中でからだを支えたり呼吸するための気根や，樹上で実が発芽する胎生種子などの特徴がある。

(4)　常緑針葉樹でまっすぐな幹が建築材や酒樽などに使われる。世界遺産の屋久島産のものや，吉野，秋田産のものが有名だが，人工林として日本中に植林され長らく花粉症の原因となっている。

(5)　山地に生える落葉広葉樹で，その実は野生動物のえさとなる。青森県から秋田県に広がる世界遺産「白神山地」に残る原生林では，この植物が繰り返し世代交代している。

(6)　シダのなかまで春先に田んぼのあぜ道などに「つくし」として顔を出し，食用とすることが可能。胞子の放出以外に地下茎でも生息域を広げる。

(7) 世界遺産である「知床の海」に生えるものが有名。夏に収穫し，天日干しされ，乾物として市場に
出回る。根は岩石等に密着するためのもので,水を吸収するためではない。だしをとるのに使われる。

(8) 紅色の海藻で秋から春にかけて養殖される。これを細断して天日に干したものを食している。夏
は微細な糸状体で海底のカキ殻などについて過ごしているので人目につかない。

028 次の(1)～(5)のそれぞれの特徴をもつ植物の組み合わせをア～コよりすべて選びなさい。なお，
同じものを何度選んでもよい。 (鹿児島・ラ・サール高國)

(1)[   ] (2)[   ] (3)[   ]

(4)[   ] (5)[   ]

(1) 胚珠がむき出しである。

(2) 種子をつくらない。

(3) ひげ根をもつ。

(4) 離弁花類である。

(5) 雄花や雌花をもつ。

ア	キクとツツジ	イ	アブラナとサクラ
ウ	アカマツとツユクサ	エ	イチョウとソテツ
オ	イネとユリ	カ	イヌワラビとシロツメクサ
キ	スギゴケとゼニゴケ	ク	スギナとゼンマイ
ケ	ススキとハコベ	コ	エンドウとスミレ

029 下の表はクズ，カタクリ，ジャガイモについて調べてまとめたものである。表中の空欄①～②
に入る言葉を下のア～カから選び，記号で答えなさい。 (京都・同志社高)

①[   ] ②[   ]

名称	クズ	カタクリ	ジャガイモ
科名	マメ科	（ ① ）科	ナス科
葉脈	網目状	平行	網目状
根	主根と側根	ひげ根	主根と側根
デンプンを取り出すところ		うろこ状に肥大する茎から	肥大する（ ② ）から

ア ユリ　イ バラ　ウ マツ　エ 茎　オ 根　カ 種子

解答の方針

027 決定できるものから考える。名称と図には(1)～(8)で選ばれないものもある。

028 (2)は種子植物でないことがわかる。

029 ①ア～ウの植物がどのような分類になるかを考える。

3 動物のからだのつくりとなかま分け

標 準 問 題 ──────────────────────── (解答) 別冊 p.8

重要 030 [動物の歯のつくり]

図1はライオンの下あごと歯，図2はシマウマの下あごと歯のスケッチである。次の問いに答えなさい。

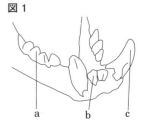

図1

(1) 図1中のa，b，cは異なる3種類の歯を示している。a，b，cのうち，犬歯，臼歯にあたるものはそれぞれどれか。1つずつ選び，記号で答えよ。　　　犬歯[　　　]　臼歯[　　　]

(2) 図1中のaの歯と図2中のdの歯は異なる形をしていた。図1中のaの歯は獲物の肉を切り裂くのに適している。一方，図2中のdの歯は草を食べるとき，草をどのようにするのに役立つか。簡潔に答えよ。　　[　　　　　　　　　　　　　　]

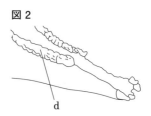

図2

重要 031 [動物の目の位置]

図1，図2は，ライオンとシマウマのそれぞれの頭部のようすを示している。なお，図中の点線で囲まれた部分は，それぞれの動物の視野を示している。次の問いに答えなさい。

図1　　図2

(1) ライオンの視野において，物を立体的に見ることのできる範囲を図1に塗りつぶして示せ。

(2) シマウマは目が顔の側面にあるため，視野が広い。このことは，野生で生活する上で，どのようなことに役立っているか。簡単に答えよ。

　　　　　　　　[　　　　　　　　　　　　　　　　　　　　]

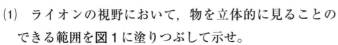

ガイド (1)立体的に見ることができるのは，両目で見ている範囲である。

032 [背骨のある動物のからだの特徴やなかま分け]

次の問いに答えなさい。

(1) フナの背骨の位置を示すのは，右の図1のa～dの線のうちどれか。1つ選んで記号で答えよ。　　　　　　　[　　　]

(2) 右の図2は，ある動物のスケッチである。この動物の呼吸のしかたとからだの表面のようすは，どのようになっているか。次のア～エのうちから，最も適当な組み合わせを1つ選び，記号で答えよ。　　　　　　　　　　　[　　　]

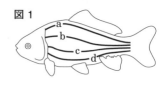

図1

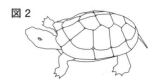

図2

	呼吸のしかた	からだの表面のようす
ア	肺で呼吸する	うろこでおおわれている
イ	肺で呼吸する	しめった皮ふでおおわれている
ウ	えらで呼吸する	うろこでおおわれている
エ	えらで呼吸する	しめった皮ふでおおわれている

(3) カナヘビ(図3)とダルマガエル(図4)の体表には，乾燥から身を守るためにそれぞれどのような特徴が見られるか。それぞれについて，簡単に答えよ。

図3　図4

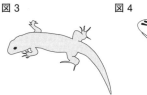

カナヘビ[　　　　　　　　　　　　　　　]
ダルマガエル[　　　　　　　　　　　　　　]

重要 | 033 〉[背骨のない動物のからだの特徴やなかま分け]

図1の3種類の生物について，あとの問いに答えなさい。

図1

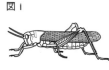

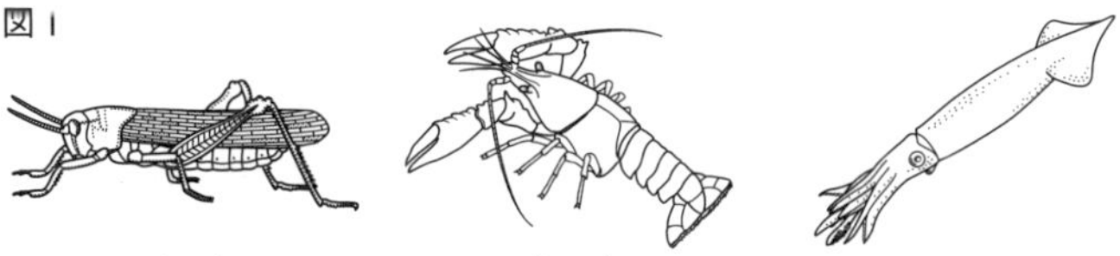

バッタ　　ザリガニ　　イカ

図2

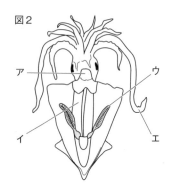

(1) バッタ，ザリガニ，イカのように背骨をもたない動物を何というか。

[　　　　　　　　　　　　]

(2) バッタとザリガニのからだの外側をおおっている殻を何というか。

[　　　　　　　　　]

(3) 図2は解剖したイカのからだの中のつくりを示したものである。次の①，②に答えよ。

① イカのからだには，内臓とそれを包みこむやわらかい膜がある。このやわらかい膜を何というか。

[　　　　　　　　　]

② イカの呼吸器官を図2のア～エの中から1つ選び，記号で答えよ。

[　　　　]

ガイド (2)背骨のある動物は体内に骨格をもち，背骨のない節足動物は外側に骨格をもつ。

重要 034 ▷ [背骨のある動物の分類(1)]

図は，フナ，カエル，ワニ，ハト，イヌの，背骨をもつ5種類の動物を，いろいろな特徴を
もとに分類したものである。あとの問いに答えなさい。

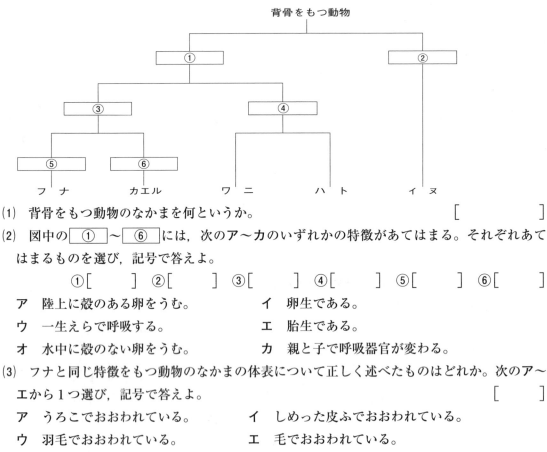

(1) 背骨をもつ動物のなかまを何というか。　　　　　　　　　　　　　　［　　　　　　　］

(2) 図中の　①　～　⑥　には，次のア～カのいずれかの特徴があてはまる。それぞれあて
　はまるものを選び，記号で答えよ。

　　　　　　　　①［　　　］ ②［　　　］ ③［　　　］ ④［　　　］ ⑤［　　　］ ⑥［　　　］

　　ア　陸上に殻のある卵をうむ。　　　　　イ　卵生である。

　　ウ　一生えらで呼吸する。　　　　　　　エ　胎生である。

　　オ　水中に殻のない卵をうむ。　　　　　カ　親と子で呼吸器官が変わる。

(3) フナと同じ特徴をもつ動物のなかまの体表について正しく述べたものはどれか。次のア～
　エから1つ選び，記号で答えよ。　　　　　　　　　　　　　　　　　　　［　　　　　　　］

　　ア　うろこでおおわれている。　　　　　イ　しめった皮ふでおおわれている。

　　ウ　羽毛でおおわれている。　　　　　　エ　毛でおおわれている。

(4) カエルと同じ特徴をもつ動物を次のア～エから1つ選び，記号で答えよ。　［　　　　　　　］

　　ア　イモリ　　　　イ　ヤモリ　　　　ウ　ペンギン　　　　エ　イルカ

(5) ワニと同じ特徴のなかまを何というか。　　　　　　　　　　　　　　　［　　　　　　　］

035 ▷ [背骨のある動物の分類(2)]

表は，熊本県に生息する希少な野生動物の中から5つの動物をとりあげ，特徴を記したもの
である。また，図1，図2は，表に示した動物のいずれかである。

項目＼動物名	ニホンモモンガ	シロマダラ	ベッコウサンショウウオ	オヤニラミ	コジュリン
呼吸器官	肺	肺	えら・肺	えら	肺
子の生まれ方	胎生	卵生	卵生	卵生	卵生

図1

図2

(1) 図1，図2の動物は何か。表の動物名からそれぞれ1つずつ選んで答えよ。

図1[　　　　　] 図2[　　　　　]

(2) 表の動物のうち，殻のある卵をうむのはどれか。動物名をすべて答えよ。

[　　　　　　　　　　　　　　]

(3) 図3は，ニホンオオカミの頭骨である。図から，ニホンオオカミは肉食動物であることがわかる。そう判断できる理由を答えよ。

図3

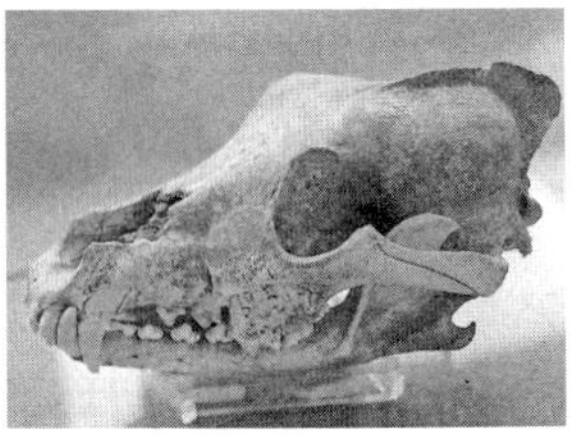

[　　　　　　　　　　　　　　]

> **ガイド** 見慣れない名前の動物が出てくるが，表はすべて背骨がある動物を1種類ずつあげているので，どれが何類なのかわかる。(3)は歯に注目する。

036 〉[動物のからだのつくりとはたらき，動物のなかま]

図は，動物のからだを解剖したものである。あとの問いに答えなさい。

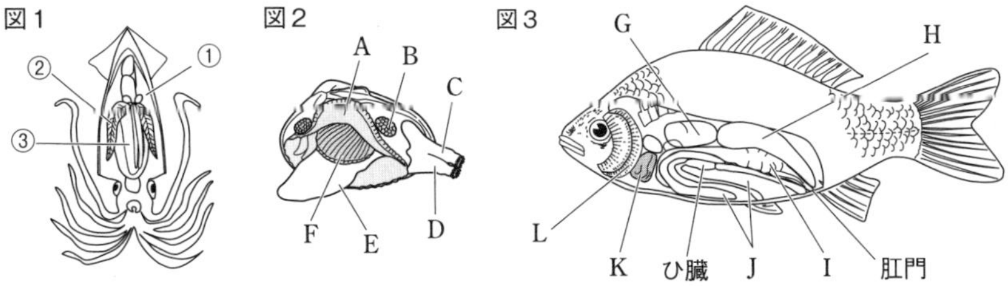

図1　　図2　　図3

(1) 図1，図2の動物は，節足動物に対して何動物と呼ばれるか。

[　　　　　　]

(2) 図1の①は何というか。

[　　　　　　]

(3) 図1の①は図2のどれに相当するか。図2中のA〜Fから1つ選び，記号で答えよ。

[　　　]

(4) 図1の②は図2，図3のどれに相当するか。図2中のA〜F，図3中のG〜Lからそれぞれ1つ選び，記号で答えよ。

図2[　　] 図3[　　]

(5) 図1の③は図3のどれに相当するか。図3中のG〜Lから1つ選び，記号で答えよ。

[　　　]

(6) 動物のからだを解剖するときには，図4のような解剖ばさみを使うことがある。解剖ばさみは先が丸くなっている方をからだの中に入れて使用する。この理由を簡潔に答えよ。

図4

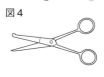

[　　　　　　　　　　　　]

> **ガイド** (5)図1の③はイカ最大の臓器である。

最 高 水 準 問 題 ──────────────────────── 解答 別冊 p.9

難 037 成人には全部で 32 本の永久歯がある。これらの歯は生えている場所や形をもとにすると，20
本の A 群，8 本の B 群，4 本の C 群に分けられる。また，ゴリラ，トラ，オオカミ，ウシ，
ウマ，カバの歯も，それぞれ数は異なるが，ヒトの A 群，B 群，C 群それぞれに対応する 3
群の歯をもっている。次のア〜オのなかで正しいものはどれか。3 つ選び記号で答えなさい。

（東京・筑波大附駒場高）

[　　　　　]

ア　ウマの A 群はよく発達していて，うす状をしている。

イ　オオカミの C 群は大きく発達しているが，B 群は小さくあまり発達していない。

ウ　トラの C 群はきわめて大きく発達しており，A 群は先端がとがった形をしている。

エ　ゴリラ，トラ，オオカミ，ウシ，ウマ，カバのうち，肉食性でない動物の C 群は小さくあまり発
　達していない。

オ　ゴリラ，トラ，オオカミ，ウシ，ウマ，カバのうち，草食性の動物の B 群は，上下の歯とも草を
　かみ切るのにつごうがよいように平らな形の歯をしている。

038 A さんは自由研究としてアフリカゾウの観察を行い，骨格標本を見て歯のスケッチを行った。
さらに，図書館で多くの本を読んで 6 種類の哺乳類について調べ，下の一覧表を作成した。次
の問いに答えなさい。

（東京学芸大附高）

(1)　成体のゾウのふんの観
　察結果として，最も適切
　なものを次のア〜オから
　1 つ選び，記号で答えよ。

[　　　]

動物名	動物の平均的体重〔kg〕	消化管の長さが体長の何倍になっているかの数値〔倍〕	心臓の 1 分間の平均的な拍動数〔回〕
アフリカゾウ	6000	7.0	25
ライオン	200	3.9	40
ヒツジ	65	27	70
ヒト	60	7.5	70
キツネ	10	2.9	100
ウサギ	2.2	10	210

ア　長さは 2cm ほどで
　黒く，やや長い球状で
　コロコロとしている。

イ　黒緑色からかっ色の
　クルミほどの大きさで丸みがあるが，はっきりした形はない。

ウ　黄かっ色でくびれがあるバナナ状で，ヒトのふんの形と似ている。

エ　直径 1cm くらいの茶かっ色で球状であり，食物繊維がよく見える。

オ　黄かっ色で小形のキャベツ程度の大きさで，かなりの食物繊維が入っている。

(2)　右図はアフリカゾウの奥歯 1 本のスケッチで，その長さは
20cm 以上ある。これを教科書のウマとライオンの歯の図と比べ
た観察結果として，最も適切なものを次のア〜エから 1 つ選び，
記号で答えよ。 [　　　]

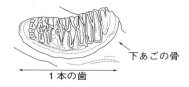

下あごの骨

← 1 本の歯 →

ア　ゾウの奥歯は鋭くて肉を切るのに適し，ライオンの奥歯の形によく似ている。

イ　ゾウの奥歯は鋭くて肉を切るのに適し，草をよく食べるウマの奥歯の形に似ている。

ウ　ゾウの奥歯は平たくて小さいデコボコがあり，ウマの奥歯に似てすり合わせに適している。

エ　ゾウの奥歯は平たくてデコボコがあり，ライオンの奥歯の形によく似ている。

(3)　表にある6種類の動物のうち，消化管の長さに関して述べた次の文のうち，適切なものを次のア〜オから1つ選び，記号で答えよ。　　　　　　　　［　　　］

ア　草食動物では体長に比べて，消化管が長い傾向が見られる。

イ　動物の食物と消化管の長さとは関係がない。

ウ　大形の動物ほど，体長に比べて消化管の長さが短くなっている。

エ　肉食動物では体長に比べて，消化管が長い傾向が見られる。

オ　体重が似かよっている動物では，体長に比べて消化管の長さも同じ程度である。

(4)　表にある6種類の動物の，体重と心臓の拍動数との関係に関して述べた次の文のうち，最も適切なものを次のア〜オから1つ選び，記号で答えよ。　　　　　　　　［　　　］

ア　体重が大きい動物ほど心臓の拍動数は大きくなる。

イ　体重と心臓の拍動数との間には関係が見られない。

ウ　体重と心臓の拍動数は反比例の関係がある。

エ　体重と心臓の拍動数との関係をグラフにすると直線になる。

オ　体重が大きい動物ほど，心臓の拍動数は小さくなる傾向がある。

039 イワシ（マイワシ）とアジ（マアジ）を，次のア〜キからそれぞれ1つ選び，記号で答えなさい。

（京都・洛南高）

イワシ［　　　］　アジ［　　　］

ア

イ

ウ

エ

オ

カ

キ

解答の方針

037　門歯，臼歯，犬歯がA〜Cのどれにあてはまるかを考える。

038　(4)体重の増え方と拍動数の減り方に関係があるかどうか，たとえば体重が6倍になると拍動数がどのようになるか読みとる。

040 次の図のように，いろいろな特徴によって6種類の動物をグループAからFに分類した。あとの問いに答えなさい。

（東京学芸大附高）

```
              ┌────────────── A ──────────────┐
         ┌── F ──┐  ┌── C ──┐  B  ┌── E ──┐  D
       ┌┤ クモ │カニ││メダカ│トカゲ│カラス│クジラ├┐
```

(1) AからFの特徴の組み合わせとして正しいものはどれか。　　　　　　　　　　[　　　]

	A	B	C	D	E	F
①	背骨がある	うろこも羽毛もない	えらで呼吸	胎生	恒温動物	外骨格をもつ
②	背骨がない	うろこも羽毛もない	肺で呼吸	胎生	恒温動物	内骨格をもつ
③	背骨がある	うろこも羽毛もない	えらで呼吸	卵生	変温動物	外骨格をもつ
④	背骨がない	うろこも羽毛もない	肺で呼吸	卵生	変温動物	内骨格をもつ
⑤	背骨がある	うろこか羽毛がある	えらで呼吸	胎生	恒温動物	外骨格をもつ
⑥	背骨がない	うろこか羽毛がある	肺で呼吸	卵生	変温動物	内骨格をもつ
⑦	背骨がある	うろこか羽毛がある	えらで呼吸	卵生	恒温動物	外骨格をもつ
⑧	背骨がない	うろこか羽毛がある	肺で呼吸	胎生	変温動物	内骨格をもつ

(2) Bのメダカ，トカゲ，カラスはそれぞれ魚類，は虫類，鳥類である。魚類，は虫類，鳥類の組み合わせとして正しいものはどれか。　　　　　　　　　　[　　　]

	魚類	は虫類	鳥類
①	フナ	イモリ	ワシ
②	ハゼ	ヤモリ	コウモリ
③	イカ	イグアナ	モルモット
④	ウナギ	カメ	ペンギン
⑤	シャチ	カエル	カモノハシ
⑥	イルカ	ミジンコ	クジャク
⑦	エビ	ミミズ	ダチョウ
⑧	サンマ	ヘビ	ムササビ

(3) 国の天然記念物であるオオサンショウオの成体は(1)で答えたAからFのどれに属するか。

[　　　]

(4) Fは節のあるあしをもつ。Fに属する動物は成長するときに何を行うか。漢字で答えよ。

[　　　]

041 次の問いに答えなさい。

(1) 学校にある自然観察園の池やみぞの水，水底の落ち葉などを採集し，顕微鏡で観察すると，図の A〜Cの生物が観察された。また，自然観察園の池には他にも多くの生物が生活しており，D〜F の動物が観察された。

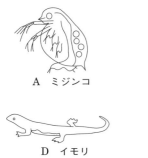

A　ミジンコ

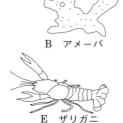

B　アメーバ

C　ゾウリムシ

D　イモリ

E　ザリガニ

F　マイマイ

A〜Fの生物を，右の①〜③の特徴でなかま分けをするとき，Aの生物と同じなかまに分けられる生物を，B〜Fから選び，記号で答えよ。

[　　　]

①　背骨がある。
②　背骨がなく，外骨格をもち，あしに節がある。
③　背骨がなく，あしは節がなく筋肉でできている。

(2) サンゴはイソギンチャクなどと同じグループ（刺胞動物）に属しているが，そのからだは樹木のように枝分かれした形をしているので，植物と考えられていた時期もあった。刺胞動物の特徴は，口が1つあり（肛門はなく），そのまわりの触手には刺胞という毒針が入っている。

下線部のことから考えて，刺胞動物の説明文として最も適切なものを，次のア〜エから1つ選び，記号で答えよ。

[　　　]

ア　脊椎があり，フナと同じなかまである。
イ　脊椎がなく，タコと同じなかまである。
ウ　脳がなく，クラゲと同じなかまである。
エ　消化器官がなく，イカと同じなかまである。

─────────────────────────

解答の方針

040 (4)クモやカニが，一生のうち数回，からだが大きくなるときに何をするか考える。

041 (1)ミジンコは微生物であるが，外側が殻でおおわれている。

　　(2)どの動物が下線部の特徴をもつか。脊椎，脳，消化器官に惑わされないこと。

1 アブラナの花のつくりを調べるために，おしべ，めしべ，がく，花弁を，外側についているものから順にとりはずして花を分解した。次に，めしべの子房の部分をカッターナイフで縦に切り，断面のようすを図1のルーペを用いて観察した。図2は子房の断面をスケッチしたものである。このことについて，あとの問いに答えなさい。

(三重県)(各4点，計16点)

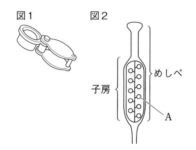

(1) アブラナの花のめしべのように，手に持って観察できるものを図1のようなルーペを用いて観察するとき，ルーペの使い方として正しいものはどれか，次のア〜エから最も適当なものを1つ選び，記号で答えよ。

ア　ルーペを目に近づけて持ち，めしべを前後に動かしてよく見える位置をさがす。

イ　ルーペを目から離して持ち，めしべを前後に動かしてよく見える位置をさがす。

ウ　ルーペを目に近づけて持ち，顔を前後に動かしてよく見える位置をさがす。

エ　ルーペを目から離して持ち，顔を前後に動かしてよく見える位置をさがす。

(2) アブラナの花のおしべ，めしべ，がく，花弁は，外側から中心に向かってどのような順で並んでいたか，次のア〜エを並んでいた順に左から並べて書きなさい。

ア　おしべ　　イ　めしべ　　ウ　がく　　エ　花弁

(3) 次の文は，アブラナの受粉と受粉後のめしべの変化について説明したものである。文中の（　あ　），（　い　）に入る最も適当な名称をそれぞれ答えよ。ただし，（　あ　）については漢字で答えよ。

> めしべの先端の（　あ　）に花粉がつくことを受粉という。受粉が起こると，やがて子房は果実に，**図2**のAで表される（　い　）は種子になる。

(1)		(2)	→	→	→
(3)	(あ)	(い)			

2 海で生活している動物のからだのつくりについて調べるため，次のような資料収集や観察を行った。これについて，あとの問いに答えなさい。　(岩手県改)((1)(2)各4点，(3)6点，計18点)

〔資料〕

① 図のように，海で生活している動物の骨格や殻のようすを表したイラストを集めた。

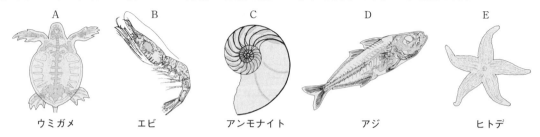

A　ウミガメ　　B　エビ　　C　アンモナイト　　D　アジ　　E　ヒトデ

〔観察〕

② イカとカニのからだのつくりを詳しく観察し，その結果を下の表にまとめた。

	体表	節の有無
イカ	やわらかい	からだとあしに，節がない。
カニ	かたい	からだとあしに，節がある。

(1) ①で，図のA～Eのうち，脊椎動物はどれか。すべて選び，その記号で答えよ。

(2) ②で，次の文は，イカの分類について述べたものである。文中の（ X ）にあてはまることばを書きなさい。また，下のア～エから，（ Y ）にあてはまる動物を1つ選び，記号で答えよ。

> イカは，外とう膜をもつことから，無脊椎動物のなかでも，（ X ）に分類される。（ X ）のなかまには，（ Y ）がふくまれる。

ア　ウニ　　イ　カブトムシ　　ウ　クモ　　エ　ハマグリ

(3) ②で，カニは，からだ全体がかたい殻でおおわれている。この殻にはどのようなはたらきがあるか。殻の名称を明らかにして，はたらきの1つを簡単に答えよ。

(1)		(2) X		Y	
(3)					

3 卵を産む動物群Ⅰ～Ⅴについて，その大部分にあてはまる特徴を表にまとめた。あとの問いに
答えなさい。
(京都・洛南高)((1)各2点，(2)各3点，(3)各4点，計27点)

動物群	受精	背骨	体温	呼吸	その他
Ⅰ	体内	無	変温	えらで呼吸をする。	体は頭胸部と腹部に分かれている。
Ⅱ	体内	無	変温	えらで呼吸をする。	外とう膜から分泌される ① を固めて貝殻をつくる。
Ⅲ	体内	無	変温	体表の ② から空気を取り入れる。	空中，陸上，水中などさまざまな環境で生活する種類がいる。
Ⅳ	体内	有	恒温	あ	体表は羽毛でおおわれている。
Ⅴ	体外	有	変温	い	体表にはうろこをもち，体の両わきに ③ という感覚器官をもつ。

(1) 動物群Ⅰ～Ⅴにふくまれる動物の例として適当なものを，次のア～シからそれぞれ1つ選び，記
号で答えよ。

ア　イルカ　　　イ　カワニナ　　　ウ　イソギンチャク

エ　ウニ　　　　オ　タガメ　　　　カ　メダカ

キ　イモリ　　　ク　ヤモリ　　　　ケ　コウモリ

コ　ミジンコ　　サ　ミミズ　　　　シ　スズメ

(2) 表中の ① ～ ③ にあてはまる語を答えよ。

(3) 表中の あ ・ い にあてはまるものとして最も適当なものを，次のア～エからそれぞれ選び，
記号で答えよ。ただし，同じ記号をくり返し選んでもかまわない。

ア　肺で呼吸をする。

イ　えらで呼吸をする。

ウ　幼生のときにはえらで呼吸をし，成体になると肺で呼吸をする。

エ　皮膚で呼吸をする。

(1)	Ⅰ		Ⅱ		Ⅲ		Ⅳ		Ⅴ	
(2)	①			②				③		
(3)	あ			い						

4 植物の分類に関する，あとの問いに答えなさい。

（東京・開成高改）

（⑴⑵各 2 点，⑶各 3 点，計 39 点）

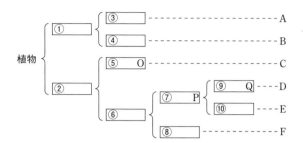

⑴　上の図は次にあげたなかまを分類したものである。1 ～ 10 にあてはまる項目を，あとのア～ツから 1 つずつ選び，記号で答えよ。

〔植物名〕　a　ミカヅキモ　　　b　イチョウ　　　c　イヌワラビ　　　d　トウモロコシ

　　　　　　e　キク　　　　　　f　アブラナ　　　g　ゼニゴケ　　　　h　アカマツ

　　　　　　i　ワカメ　　　　　j　オニユリ　　　k　アサガオ

〔項　目〕　ア　根・茎・葉の区別がある　　　イ　根・茎・葉の区別がない

　　　　　　ウ　おもに水中生活　　　　　　　エ　おもに陸上生活

　　　　　　オ　種子がむき出し　　　　　　　カ　種子がおおわれている

　　　　　　キ　子葉が 1 枚　　　　　　　　　ク　子葉が 2 枚

　　　　　　ケ　子葉が 3 枚以上　　　　　　　コ　花弁が合わさっている

　　　　　　サ　花弁がばらばら　　　　　　　シ　花弁がない

　　　　　　ス　種子をつくらない　　　　　　セ　種子をつくる

　　　　　　ソ　胚珠がむき出し　　　　　　　タ　胚珠が子房の中にある

　　　　　　チ　花粉は風で運ばれる　　　　　ツ　花粉は虫で運ばれる

⑵　上の図の B ～ F にあてはまる生物を，a ～ k より，E は 1 種，残りはすべて 2 種ずつ選び，記号で答えよ。

⑶　上の図の O ～ Q のグループの名称をそれぞれ漢字 4 文字で答えよ。

(1)	①		②		③		④		⑤	
	⑥		⑦		⑧		⑨		⑩	
(2)	B		C		D		E		F	
(3)	O			P			Q			

1 物質の性質

重要 042 〉[ガスバーナーの使い方]

図のガスバーナーの使い方について，次の問いに答えなさい。

(1) 次のア〜カを，点火の正しい操作手順に並べるとどのようになるか。記号で答えよ。

[　→　　→　　→　　→　　→　　]

ア　ねじXとねじYが閉まっているか，確認する。

イ　ガスに点火する。

ウ　ねじYを動かさないで，ねじXだけを少しずつ開ける。

エ　マッチに火をつける。

オ　ねじYを少しずつ開ける。

カ　元栓を開き，コックを開ける。

(2) (1)のウとオで，ねじを開く向きは上から見て時計回りか反時計回りか。それぞれ答えよ。

ウ[　　　　] オ[　　　　]

(3) 点火したとき，オレンジ色の炎が長く出ていた。どのような操作をすればよいか。(1)のア〜カから選び，記号で答えよ。[　　　　]

> **ガイド** (1)元栓とコックを開けると，ガスバーナーにガスが届く。
> (3)炎がオレンジ色だと，空気が足りていない。

重要 043 〉[こまごめピペットの使い方]

こまごめピペットについて，次の問いに答えなさい。

(1) こまごめピペットの持ち方として，最も適切な図はどれか。右のア〜エから1つ選び，記号で答えよ。

[　　　　]

ア　　　　　イ　　　　　ウ　　　　　エ

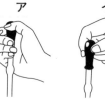

(2) こまごめピペットの正しい使い方を説明している文はどれか。次のア〜オからすべて選び，記号で答えよ。

[　　　　]

ア　こまごめピペットの先は割れやすいので，液体を吸いこむときや液体を注ぐときは，ものにぶつけないようにする。

イ　液体を吸いこむときは，こまごめピペットの先を液体に入れる前に，ゴム球を押して，こまごめピペットの中の空気を出す。

ウ　液体を吸いこむときは，十分な量を取るために，安全球が液体でいっぱいになるように吸いこむ。

エ　液体を吸いこんだ後は，吸いこんだ液体がこまごめピペットの先からこぼれないように，こまごめピペットの先を上に向ける。

オ　液体を注ぐときは，ゴム球をいっきに押して必要な量をいきおいよく出す。

> **ガイド**　こまごめピペットは，ゴム球の元にもどる力を利用して液体を吸い上げる器具である。

重要　044 　[上皿てんびん]

上皿てんびんの使い方として正しくないものはどれか。次のア～エから1つ選び，記号で答えなさい。　　　　　　　　　　　　　　　　　　　　　　　　　　　　　　[　　　]

ア　上皿てんびんは，水平な台の上に置く。

イ　使う前に指針が目盛りの中央で左右に同じだけふれるよう，調節ねじを回す。

ウ　粉末をはかり取るときは，両方の皿に薬包紙をのせて，右ききの人は左側の皿に分銅をのせ，右側の皿に粉末を少しずつのせる。

エ　使い終わったら，皿は両方ともはずしておく。

> **ガイド**　上皿てんびんでは，頻繁に皿にのせたり取ったりするものをきき腕の側にする。粉末をはかり取るなら，粉末をきき腕の側の皿にする。

重要　045 　[メスシリンダー]

次の問いに答えなさい。

(1)　メスシリンダーを用いて液体の体積をはかるとき，目盛りの読み方として正しいものはどれか。次のア～オの中から1つ選んで答えよ。　　　　　　　　　　　　　　　　　[　　　]

ア　液面の最も低いところの最も近い目盛りを読みとる。

イ　液面の最も低いところを1目盛りの2分の1まで目分量で読みとる。

ウ　液面の最も低いところを1目盛りの4分の1まで目分量で読みとる。

エ　液面の最も低いところを1目盛りの5分の1まで目分量で読みとる。

オ　液面の最も低いところを1目盛りの10分の1まで目分量で読みとる。

(2)　200 cm³ メスシリンダーに水を入れたところ，図のようになった。水の体積を読み取る水面の位置と，このときの体積を組み合わせたものとして適切なものは，右の表のア～エのうちではどれか。　　　　　　[　　　]

	水の体積を読み取る水面の位置	このときの体積
ア	①	55.8 cm³
イ	①	47.9 cm³
ウ	②	54.8 cm³
エ	②	47.4 cm³

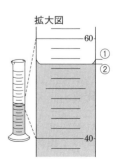

拡大図

046 〉[物質の性質]

3種類の白い粉末X, Y, Zがあり, 砂糖, 食塩, デンプンのいずれかであることがわかっている。これらを見分けるために, 下の①～③の実験を行い, 結果を表のようにまとめた。あとの問いに答えなさい。

〔実験〕

①　それぞれ少量の粉末をとり, ペトリ皿の上にのせた。これらにヨウ素液を数滴たらした。

②　アルミニウムはくをかぶせた燃焼さじに, それぞれ少量の粉末をとり, それぞれをガスバーナーで加熱して, 反応のようすを観察した。

	X	Y	Z
実験①	変化しなかった。	青紫色になった。	変化しなかった。
実験②	黒くこげて燃えた。	黒くこげて燃えた。	燃えなかった。
実験③	白くにごった。	白くにごった。	

③　②で燃えることが確認できた粉末を, 新たに燃焼さじに少量とり, 図のように石灰水を入れた集気びんの中で燃やした。火が消えたところで燃焼さじを取り出し, 集気びんにふたをした後, よくふって石灰水の変化を観察した。

(1)　実験結果から考えると, X, Y, Zはそれぞれ何か。物質名を答えよ。

X[　　　　　] Y[　　　　　] Z[　　　　　]

(2)　実験結果から, 物質X, Yは燃えて二酸化炭素を発生したことがわかる。このような物質をまとめて何というか。[　　　　　]

047 〉[金属と非金属]

次の実験について, あとの問いに答えなさい。

〔実験〕　図のように, ろうそくとスチールウール(鉄)をそれぞれ燃やした。ろうそくを燃やしたびんは内側が少しくもったが, スチールウールを燃やしたびんはくもらなかった。またスチールウールは黒っぽい物質に変化した。

　　火が消えたあと, ろうそくとスチールウールを取り出し, それぞれのびんのふたを閉めてからよくふり, 石灰水のようすを観察した。

(1)　下線部の観察結果として正しい組み合わせはア～エのうちのどれか。[　　　　　]

	ろうそくを燃やしたびん。	スチールウールを燃やしたびん。
ア	白くにごった。	白くにごった。
イ	白くにごった。	変化しなかった。
ウ	変化しなかった。	白くにごった。
エ	変化しなかった。	変化しなかった。

(2)　スチールウールは金属である。次の物質のうち, 金属に分類されるものを2つ選んで答えよ。

[　　　　　][　　　　　]

硫黄　　アンモニア　　炭素　　マグネシウム　　塩素　　銅

(3)　スチール缶とアルミニウム缶はリサイクルされ, 省資源・省エネルギーに役立っている。この2種類の缶が混ざっているとき, 缶の表記にたよらずに, スチール缶だけを取り出す方法を答えよ。[　　　　　]

重要 048 [密度の計算]

次の問いに答えなさい。

金属	マグネシウム	アルミニウム	鉄	銅	銀
密度〔g/cm³〕	1.74	2.70	7.87	8.96	10.50

(1)　体積 25 cm³ の金属 X の質量を
測定したところ，224 g であった。表をもとに金属 X の名称を答えよ。 [　　　　　]

(2)　次のア〜エのなかで最も密度の大きい金属を選び，記号で答えよ。 [　　　　　]

　　ア　1 cm³ の質量が 8 g の金属　　　イ　1 m³ の質量が 7000 kg の金属

　　ウ　10 mL の質量が 130 g の金属　　エ　2 cm³ の質量が 6000 mg の金属

ガイド (2) 1 m³ = 1000000 cm³ である。mL は cm³ と同じである。

049 [密度とものの浮き沈み]

右の表は，いろいろな固体・液体について密度（g/cm³）を示したものである。次の問いに答えなさい。

固体の密度〔g/cm³〕		液体の密度〔g/cm³〕	
アルミニウム	2.70	エタノール	0.79
鉄	7.87	なたね油	0.91
銅	8.96	水銀	13.55
金	19.32		

(1)　ある液体 A と B を同じ質量ずつとり，メスシリンダーに入れたところ右の図のようになった。この液体 A と B をそれぞれ 1 cm³ ずつとって質量を比べるとどちらが大きいか。 [　　　　　]

(2)　水銀に沈む固体を表から選べ。

[　　　　　　　　　　　　]

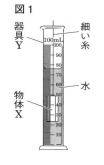
液体 A　　液体 B

(3)　鉄 5.0 g を水に入れると，体積は何 cm³ 増加するか。小数第 2 位を四捨五入し，小数第 1 位まで答えよ。 [　　　　　]

(4)　ある金属の質量と体積をはかったところ 4 cm³ あたり 10.80 g であった。この金属は，表中の物質のうちのどれか。また，この金属 3 cm³ あたりの質量は何 g か。小数第 2 位を四捨五入し，小数第 1 位まで答えよ。　金属名 [　　　　　]　質量 [　　　　　]

ガイド (4) 1 cm³ あたりの質量（これが密度にあたる）を求めるとよい。

050 [物体の体積の測り方]

図 1 のようにして物体 X の体積を測定した。物体 X を入れる前に水の体積を測定すると，67.0 cm³ であった。図 2 は，図 1 の一部を拡大したものである。次の問いに答えなさい。

(1)　図 1 の器具 Y は何とよばれるか。その名称を書け。 [　　　　　]

(2)　物体 X の体積は何 cm³ か。

[　　　　　]

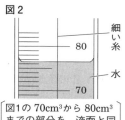

図2の枠内: 図1の 70cm³ から 80cm³ までの部分を，液面と同じ高さから見て，模式的に表している。

051 〉[アンモニアの性質]

アンモニアの性質を利用した次の実験について、あとの問いに答えなさい。

〔実験1〕　試験管に塩化アンモニウム3gと水酸化カルシウム
2gの混合物を入れて、図1のようにガスバーナーで加熱し、
アンモニアを発生させ、容量が500cm³の、栓をしていない
かわいたペットボトルを逆さにして集めた。ペットボトル内
が発生したアンモニアで満たされたことを確認するため、ペ
ットボトルの口元に水でぬらした赤色リトマス紙を近づけた
ところ青色になった。

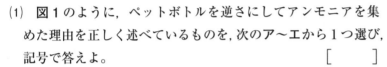

図1

図2

〔実験2〕　実験1のペットボトルを逆さにしたまま、図2のよ
うな水を入れたキャップでふたをし、よくふったところ、図
3のように大きくへこんだ。

(1)　図1のように、ペットボトルを逆さにしてアンモニアを集
めた理由を正しく述べているものを、次のア～エから1つ選び、
記号で答えよ。　　　　　　　　　　　　　　　[　　　　]

図3

　ア　アンモニアは水より密度が小さいため。

　イ　アンモニアは水より密度が大きいため。

　ウ　アンモニアは空気より密度が小さいため。

　エ　アンモニアは空気より密度が大きいため。

(2)　実験1の下線部からわかるアンモニアの性質を述べよ。

[　　　　　　　　　　　　　]

(3)　実験2の結果からわかるアンモニアの性質を述べよ。

[　　　　　　　　　　　　　]

052 〉[酸素の性質と発生]

次の問いに答えなさい。

(1)　酸素はうすい過酸化水素水(オキシドール)を使って発生させ
ることができる。図は、酸素発生の実験装置の一部を示している。
次のア～エのうち、この実験装置や発生した酸素について述べ
た文として正しいものはどれか。すべて選び、記号で答えよ。

[　　　　]

　ア　この実験装置で、黒色の物質として二酸化マンガンを用いて、
うすい過酸化水素水(オキシドール)にふれさせると、酸素が発生する。

　イ　発生した酸素を集めて、その中に火のついた線香を入れると、線香の火は、ただちに消
える。

　ウ　発生した酸素は空気よりも軽いため、上方置換法で集めることができる。

　エ　発生した酸素は水に溶けにくいため、水上置換法で集めることができる。

(2) 次の文の[   ]に適する語や数字を答えよ。

①[   ]　②[   ]

　　酸素は空気中に体積の割合で約[　①　]％含まれている。空気には酸素のほかに[　②　]が約 78 ％，その他の気体が約 1 ％含まれている。

---

053 ▷ [二酸化炭素の発生と性質]

図の実験装置を用いて，三角フラスコに入れた石灰石に，うすい塩酸を加えて二酸化炭素を発生させ，試験管に集めた。次の問いに答えなさい。

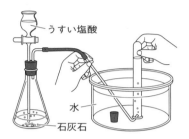

(1) この実験では，ガラス管から出はじめたばかりの気体を集めずに，しばらくしてから二酸化炭素を集めた。この理由を簡単に答えよ。

[   ]

(2) 二酸化炭素を集めた気体に火のついた線香を入れると，線香の火はどのようになるか。簡単に答えよ。　　　　　　　　　　　　　　[   ]

(3) 身のまわりの材料を使って気体を発生させるとき，二酸化炭素が発生する方法はどれか。次のア～カから適当なものをすべて選び，記号で答えよ。　　　　[   ]

　ア　湯の中に発泡入浴剤を入れる。　　　イ　スチールウール（鉄）にうすい塩酸を加える。

　ウ　アンモニア水を加熱する。　　　　　エ　ベーキングパウダーに食酢を加える。

　オ　きざんだジャガイモにオキシドールを加える。

　カ　貝殻や卵の殻にうすい塩酸を加える。

---

054 ▷ [水素の発生と性質]

二又試験管を用いて，鉄に塩酸を加えて水素を発生させる実験を行った。図のように，二又試験管の左側に塩酸，右側に鉄片をそれぞれ入れる。二又試験管を傾けて塩酸を鉄のほうへ注ぎこむと，反応が始まり水素が発生する。この実験について，次の問いに答えなさい。

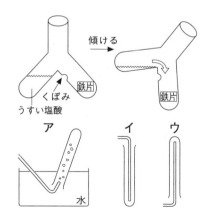

(1) 発生した水素の捕集方法として正しい図はどれか。ア～ウから選び，記号で答えよ。　　　　[   ]

(2) 図の二又試験管の右側にくぼみがあるのはなぜか。次のア～オから選び，記号で答えよ。　　　　[   ]

　ア　塩酸を加えすぎないようにするため。

　イ　反応を止めるとき，鉄片と塩酸を分けるため。

　ウ　塩酸の逆流を防ぐため。

　エ　塩酸を少しずつ加えるため。

　オ　手で持つときの滑り止めになるため。

重要 055 [気体の性質と捕集法]

下の表中の気体A〜Dは，水素，酸素，窒素，二酸化炭素，アンモニア，塩素のいずれかである。あとの問いに答えなさい。

	色	におい	水への溶けやすさ	緑色のBTB溶液に通したときの変化
気体A	無色	c	よく溶ける	青色
気体B	a	無臭	ほとんど溶けない	緑色
気体C	b	刺激臭	溶けやすい	黄色
気体D	無色	d	少し溶ける	黄色

(1) 気体Bの入った試験管に火のついた線香を入れると激しく燃えた。気体Bの名称を答えよ。

[   ]

(2) 表中の空らんa〜dに適当な語を入れよ。　a[   ]　b[   ]

c[   ]　d[   ]

(3) 気体A，C，Dの捕集方法をそれぞれ答えよ。

A[   ]　C[   ]　D[   ]

056 [気体の識別]

気体A，B，C，Dがそれぞれポリエチレンのふくろに入っている。これらの気体はアンモニア，窒素，二酸化炭素，水素のいずれかである。この4つの気体を区別するために実験を行った。あとの問いに答えなさい。

〔実験1〕 気体のにおいを調べた。気体Aは刺激のあるにおいがしたが，気体B，C，Dは，においがなかった。

〔実験2〕 気体B，C，Dをそれぞれ入れた，ほぼ同じ大きさのシャボン玉をつくり，シャボン玉の動きを観察した。右の表は観察の結果である。

気体B	気体C	気体D
すばやく下降した	ほぼ同じ高さで空中をただよった	すばやく上昇した

〔実験3〕 気体Bと気体Cをそれぞれ試験管に集め，右図のように試験管の口を下にして緑色のBTB溶液を加えた水の中に立てた。試験管内の水の色と水位（液面の高さ）の変化を観察したところ，気体Bが入っていた試験管内の水溶液は黄色に変化したが，気体Cが入っていた試験管内の水溶液の色の変化は見られなかった。

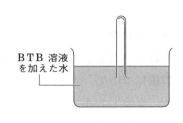

BTB溶液を加えた水

(1) 気体Aは何か。その名称を答えよ。　[   ]

(2) 実験3で，試験管内の水位の変化についての説明として最も適当なものを，次のア〜エから1つ選び，記号で答えよ。　[   ]

ア　気体Bの水位は上がったが，気体Cのほうは変化が見られなかった。

イ　気体Cの水位は上がったが，気体Bのほうは変化が見られなかった。

ウ　気体B，気体Cの水位はともに上がり，水位は同じだった。

エ　気体B，気体Cともに，水位の変化は見られなかった。

(3) アンモニアと窒素が混じっている気体から，アンモニアを取り除く方法を簡潔に答えよ。

[　　　　　　　　　　　　　　　　　　　　　　　　　]

ガイド (2)BTB溶液は酸性で黄色，中性で緑色，アルカリ性で青色を示す。

---

057 [混合した気体の識別]

次の実験について，あとの問いに答えなさい。

2種類の気体をそれぞれ同じ体積ずつ混ぜ合わせた混合気体A，B，C，Dを用意した。これらは，二酸化炭素と酸素，酸素と窒素，窒素と水素，水素とアンモニアを混合した気体のいずれかである。混合気体A〜Dについて次の実験を行った。

〔実験〕 混合気体A〜Dをそれぞれ別の注射器に60cm³ずつ入れ，右の図のように気体がにげないようにゴム栓をつけた。次に，それぞれの注射器に，気体がにげないようにしながら，同じ量の水を入れてよくふったところ，注射器の中のようすは下の表のようになった。さらに，それぞれの注射器の中の液体をそれぞれ別の試験管に少量ずつとり，緑色のBTB溶液を1，2滴加えて，BTB溶液の色が変化するかどうかを観察した。

ゴム栓／ピストン

(1) 次の文の (a) にあてはまる物質名を答えよ。

また｛ ｝(b)にあてはまるものを，ア〜ウから選んで答えよ。

	混合気体Aを入れた注射器	混合気体Bを入れた注射器	混合気体Cを入れた注射器	混合気体Dを入れた注射器
注射器の中のようす	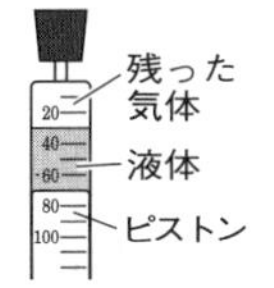 残った気体／液体／ピストン	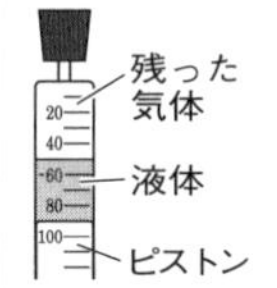 残った気体／液体／ピストン	 残った気体／液体／ピストン	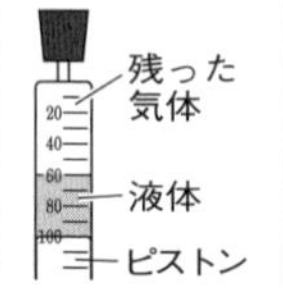 残った気体／液体／ピストン

(a)[　　　　　] (b)[　　　　　]

実験の結果から，混合気体Aには，水によく溶ける（溶けやすい）気体である (a) が含まれていることがわかる。また，下線部のとき，混合気体Aを入れた注射器の中の液体に加えたBTB溶液の色は(b)｛ア．青色に変化した　イ．緑色のままであった　ウ．黄色に変化した｝。

(2) 混合気体Bを入れた注射器に残った気体のうち，体積の割合が小さいほうの気体を発生させる方法として，正しいものを次のア〜エから選び，記号で答えよ。 [　　　]

ア　塩化アンモニウムと水酸化カルシウムを混ぜて加熱する。

イ　二酸化マンガンにうすい過酸化水素水を加える。

ウ　石灰石にうすい塩酸を加える。

エ　亜鉛にうすい塩酸を加える。

ガイド 本問に出てくる5種類の気体は，水に溶けやすいもの，水に少し溶けるもの，水に溶けにくいものの3つに分けられる。

最 高 水 準 問 題 ——————————————————————————— 解答 別冊 p.15

難 **058** 次のア，イのうち，質量の大きいほうはどちらか。最も適切なものを記号で答えなさい。

(神奈川・法政大第二高)

[　　　　]

ア　質量10kgの鉄アレイ。

イ　密度が8.96g/cm³の銅の立方体。この立方体は，水をいっぱいにした水槽に沈めると，1200cm³の水がこぼれる。

059 図は，水，氷，灯油の体積と質量の関係を表したものである。水20cm³，灯油20cm³，氷1cm³をメスシリンダーに入れるとどのようになるか。次のア〜エから1つ選び，記号で答えなさい。

(栃木・作新学院高)

[　　　　]

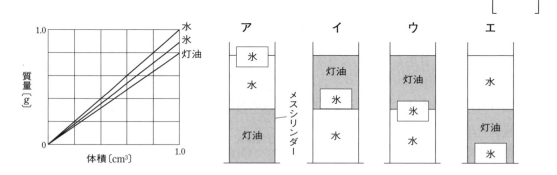

060 次の問いに答えなさい。なお，1L＝1000cm³である。 (愛知・東海高 $\boxed{改}$)

(1) 100℃，1気圧において，液体および気体の水の密度はそれぞれ0.958g/cm³，0.598g/Lである。100℃，1気圧において，気体の水が液体の水になったとき，体積は元の気体のときの何％になるか。四捨五入により小数第3位まで求めよ。 [　　　　]

(2) 0℃，1気圧において，同じ質量のアルゴン，窒素，ヘリウム，アンモニアを，あとの図のように水を満たしたメスシリンダーに通じたところア〜エのようになった。

①窒素を通じたメスシリンダーと，

②ヘリウムを通じたメスシリンダーは，

それぞれア〜エのうちのどれか。なお，これらの気体の0℃，1気圧における密度〔g/L〕は，次の表の通りである。

①[　　　] ②[　　　]

気体	アルゴン	窒素	ヘリウム	アンモニア
密度〔g/L〕	1.78	1.25	0.179	0.771

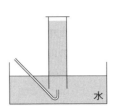

061 次の文を読み，あとの問いに答えなさい。

石灰石に塩酸を加えて二酸化炭素を発生させ，発生した気体を水上置換法でペットボトルに集めた。このペットボトルに石灰水を入れて少しふったところ，液体の色は（　A　）色に変化した。

また，同様に二酸化炭素を集めた別のペットボトルに水を半分ほど入れ，ふたをして激しくふったところ，ペットボトルがへこんだ。その後，ペットボトルの中の液体に緑色のBTB液を加えると，（　B　）色に変化した。

(千葉・市川高)

(1)　（　A　），（　B　）にあてはまる色は，それぞれどれか。

A[　　　] B[　　　]

ア　無　イ　黄　ウ　白　エ　青　オ　紫　カ　赤

(2)　ペットボトルがへこんだのはなぜか。理由を説明せよ。

[　　　　　　　　　　　　　　　　　　　　　　　　]

(3)　二酸化炭素は石灰石の代わりに，別のものに塩酸を加えても発生させることができる。石灰石の代わりになるものを，次のア〜サからすべて選び，記号で答えよ。

[　　　　　　　　]

ア　亜鉛　　　イ　アルミニウム　　ウ　貝殻　　エ　ジャガイモ　　オ　重そう
カ　大理石　　キ　卵の殻　　　　　ク　鉄　　　ケ　二酸化マンガン　コ　マグネシウム
サ　レバー

(4)　ペットボトルに石灰水を入れたときに（　A　）色になるのは，石灰水と二酸化炭素が反応して炭酸カルシウムという水に溶けにくい物質ができるためである。炭酸カルシウムを含むものを(3)のア〜サからすべて選び，記号で答えよ。

[　　　　　　　　]

解答の方針

058　イ 1200cm³ の水がこぼれることから，銅の立方体の体積がわかる。
059　グラフから，水，氷，灯油について密度の大きさを比較できる。
060　(2)質量が同じなら，密度が小さいほど体積が大きくなる。水への溶けやすさも考える。

難 062 図のように長さの異なるろうそくに火をつけて，上から容器をかぶせると，ろうそくの火はC→B→Aの順に消えた。この理由を簡単に説明しなさい。　　(東京学芸大附高函)

[　　　　　　　　　　　　　]

063 気体の発生について，以下の実験を行った。あとの問いに答えなさい。

(東京・お茶の水女子大附高)

〔実験〕質量が21.27gの試験管に，銀を含む黒色の粉末(以下物質Aとする)を入れて試験管全体の質量を測定したところ，22.99gであった。この試験管を図の装置で十分に加熱すると，物質Aは灰色の固体に変化し，同時に気体Xが発生した。室温まで冷却した後，試験管全体の質量を測定すると22.79gであった。また，水上置換法で集めた気体Xの体積は150mLで，無色・無臭であった。さらに，試験管に残った灰色の固体を取り出し，ステンレスの薬さじの背で強くこすると，光沢が現れた。

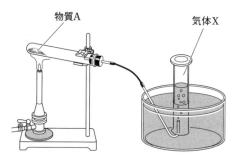

(1) 実験で発生した気体Xの100mLあたりの質量は何gか，小数点以下第2位までの数値で答えよ。ただし，発生した気体は1種類であり，水に溶けないものとする。

[　　　　　　　　　]

(2) 下の表を参考にして，実験で発生した気体Xが何であるか推定し，その名称を答えよ。

[　　　　　　　　　]

気体	密度〔g/mL〕
水素	0.00008
窒素	0.00116
酸素	0.00133
二酸化炭素	0.00184
塩素	0.00296

(3) (2)の推定が正しいかどうかを確かめる方法とその結果の例を1つ，具体的に答えよ。

[　　　　　　　　　　　　　　　　]

064 水素，酸素，二酸化炭素，アンモニアについて，次の問いに答えなさい。ただし，25℃での空気の密度を1とすると，水素，酸素，二酸化炭素，アンモニアの密度はそれぞれ 0.07，1.1，1.5，0.59 である。 (長崎・青雲高改)

(1) 25℃で，異なる2種類の気体を同体積ずつ入れたポリエチレン袋A，B，Cがある。次の実験結果から，A，B，Cの中に入っている気体を下のア～カから選び，それぞれ記号で答えよ。

A[　　] B[　　] C[　　]

〔実験1〕 25℃で，A，B，Cの重さと，空気だけを同じ体積入れたポリエチレン袋の重さを比べたら，A，Cは空気より重く，Bは空気より軽かった。

〔実験2〕 A，B，Cから別々の注射器で同じ量の気体をとり，さらに少量の水をどの注射器にも同体積入れてよくふると，気体の体積に明らかな違いを生じ，体積の小さい順にA，B，Cとなった。

〔実験3〕 実験2でBとCの注射器に残った気体を，空気が混ざらないように1本の試験管に移して点火すると，音を出して燃えた。

ア　水素と酸素　　　　　イ　水素と二酸化炭素　　　ウ　水素とアンモニア
エ　酸素と二酸化炭素　　オ　酸素とアンモニア　　　カ　二酸化炭素とアンモニア

(2) (1)のA，B，Cの中に水でぬらした赤色リトマス紙を入れたとき，リトマス紙の色が変化しないのはどれか。A～Cの記号で答えよ。 [　　　　]

065 いろいろな物質を右図のようにA～Dのなかまに分類した。これについて，次の問いに答えなさい。 (鹿児島・大口明光学園高改)

(1) A～Dそれぞれの特徴を次の文章で示した。A～Dの名称を漢字で答えよ。また，①，②にあてはまる言葉を漢字で答えよ。

A[　　　] B[　　　] C[　　　] D[　　　]
①[　　　　] ②[　　　]

　加熱すると物質Aは黒くこげて（　①　）という気体が発生した。物質Bのなかまである物質Cはみがくと特有の光沢があり，力を加えて伸ばすことができる。物質Cのほかの特徴として（　②　）を伝えやすく，電流を通しやすいというものがある。

(2) 砂糖やデンプンはA～Dのどのなかまになるか。1つ選び，記号で答えよ。また，同じなかまに属するものを，下のア～カからすべて選び，記号で答えよ。

なかま[　　　] 同じなかま[　　　　　　]

ア　紙　　イ　ガラス　　ウ　木　　エ　アルミニウム　　オ　ロウ　　カ　小麦粉

解答の方針

062 二酸化炭素の性質(空気より重い)によるならば，Aのろうそくから消えるはずである。そうなっていないので，二酸化炭素のこの性質はこの実験結果には無関係であることがわかる。

064 実験2から，水に溶ける気体と溶けやすさの順がわかる。

066 ▶ 次の文章を読み，あとの問いに答えなさい。　　　　　　　　　　　（大阪・清風高改）

いろいろな気体の性質を調べるため，次の**実験1〜4**を行った。

〔**実験1**〕　下に示す2種類の薬品や金属を用いて気体A〜Cを発生させた。発生した気体ごとに3
つのポリエチレンの袋に入れた。

	気体発生のための薬品・金属	
気体A	マグネシウム	塩酸
気体B	塩化アンモニウム	水酸化カルシウム
気体C	炭酸水素ナトリウム	塩酸

〔**実験2**〕　気体A〜Cが入ったそれぞれのポリエチレン袋の1つに，フェノールフタレイン溶液を
少量加え，袋の口をしっかり閉じてふり混ぜ，そのときの変化を観察した。

〔**実験3**〕　気体A〜Cが入ったそれぞれのポリエチレン袋に，うすい塩酸を少量加え，袋の口をしっ
かり閉じてふり混ぜ，そのときの変化を観察した。

〔**実験4**〕　気体A〜Cが入ったそれぞれのポリエチレン袋に，うすい塩化ナトリウム水溶液を少量
加え，袋の口をしっかり閉じてふり混ぜ，そのときの変化を観察した。

⑴　気体Aは何か。その名称を答えよ。　　　　　　　　　　　　　　[　　　　　　　]

⑵　実験1の方法で気体A〜Cを発生させるとき，加熱を必要とするものはどれか。次のア〜クか
ら選び，記号で答えよ。　　　　　　　　　　　　　　　　　　　　[　　　　]

　ア　AとBとC　　イ　AとB　　ウ　AとC　　　エ　BとC
　オ　A　　　　　　カ　B　　　　キ　C　　　　　　ク　なし

⑶　気体A〜Cのうち，水上置換法での捕集が適切でないものは何種類あるか。　[　　　　]

⑷　実験2で，フェノールフタレイン溶液の色が変色したものは何種類あったか。　[　　　　]

⑸　実験3の結果として適するものを次のア〜キから選び，記号で答えよ。　[　　　　]

　ア　すべての袋で変化はなかった。
　イ　気体Aの入った袋はしぼみ，それ以外の袋に変化はなかった。
　ウ　気体Bの入った袋はしぼみ，それ以外の袋に変化はなかった。
　エ　気体Cの入った袋はしぼみ，それ以外の袋に変化はなかった。
　オ　気体Aの入った袋はふくらみ，それ以外の袋に変化はなかった。
　カ　気体Bの入った袋はふくらみ，それ以外の袋に変化はなかった。
　キ　気体Cの入った袋はふくらみ，それ以外の袋に変化はなかった。

🔺難⑹　実験4の結果として適するものを次のア〜キから選び，記号で答えよ。　[　　　　]

　ア　すべての袋で変化はなかった。
　イ　気体Aの入った袋はしぼみ，それ以外の袋に変化はなかった。
　ウ　気体Bの入った袋はしぼみ，それ以外の袋に変化はなかった。
　エ　気体Cの入った袋はしぼみ，それ以外の袋に変化はなかった。
　オ　気体Aの入った袋はふくらみ，それ以外の袋に変化はなかった。
　カ　気体Bの入った袋はふくらみ，それ以外の袋に変化はなかった。
　キ　気体Cの入った袋はふくらみ，それ以外の袋に変化はなかった。

067 次の図は，気体を発生させる装置の一部を省略して示したものである。あとの問いに答えなさい。

（京都・洛南高函）

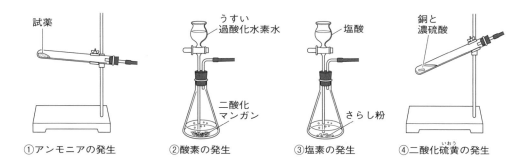

①アンモニアの発生　　②酸素の発生　　③塩素の発生　　④二酸化硫黄の発生

(1) 図の①において，試薬には水酸化カルシウムともう１つ何を用いるか。試薬名を答えよ。

[　　　　　　　　　]

(2) 図の①において，試験管の口を下げているのはなぜか。25字以内で答えよ。

[　　　　　　　　　]

(3) 図の①〜④において，発生した気体の捕集方法として適当なものを，次のア〜ウから１つずつ選び，記号で答えよ。

①[　　　] ②[　　　] ③[　　　] ④[　　　]

ア　上方置換法　　　イ　下方置換法　　　ウ　水上置換法

(4) 図の①〜④において，発生した気体の説明として適当なものを，次のア〜キから１つずつ選び，記号で答えよ。

①[　　　] ②[　　　] ③[　　　] ④[　　　]

ア　無色・無臭で，食品の酸化防止に使われる。

イ　無色・無臭で，ものを燃やすはたらきがある。

ウ　無色・無臭で，炭酸飲料水に含まれている。

エ　無色で刺激臭があり，大気汚染の原因となる。

オ　無色で刺激臭があり，胃液に含まれている。

カ　無色で刺激臭があり，肥料の原料となる。

キ　黄緑色で刺激臭があり，飲料水の殺菌に使われる。

解答の方針

066 (6)塩化ナトリウム水溶液は，水に塩化ナトリウムを溶かした水溶液である。**実験４**では水に溶けやすい気体が，この水溶液に溶ける。

067 (4)アンモニアは，生物のからだをつくるアミノ酸やタンパク質を合成する原料となる。胃液には塩酸が含まれている。

2 水溶液

解答 別冊 p.17

標 準 問 題

068 [水溶液]
次の問いに答えなさい。

(1) 次の文の（ ① ）〜（ ④ ）にあてはまる語句を答えよ。

①[　　　　　　　] ②[　　　　　　　]
③[　　　　　　　] ④[　　　　　　　]

食塩を水に溶かすと食塩水ができる。食塩のように水に溶けている物質を（ ① ）といい，水のように（ ① ）を溶かしている液体を（ ② ）という。また，（ ① ）が（ ② ）に溶けて均一になった液体を（ ③ ）という。特に，（ ② ）が水である液体を（ ④ ）という。

(2) ビーカーに硫酸銅の結晶を入れ，上から水を静かに注ぎ，ラップでふたをして 30 日放置したときのようすとして正しいものを，次のア〜エから 1 つ選び，記号で答えよ。　[　　　　　]

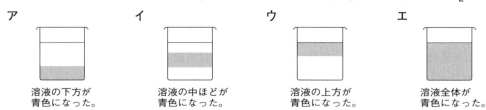

ア 溶液の下方が青色になった。
イ 溶液の中ほどが青色になった。
ウ 溶液の上方が青色になった。
エ 溶液全体が青色になった。

069 [水溶液の濃度]
次の食塩水のうち最も濃度の濃いものをア〜エから選び，記号で答えなさい。

[　　　　　]

ア 100g の蒸留水に 5g の食塩を溶かしたもの。
イ 1L の蒸留水に 25g の食塩を溶かしたもの。
ウ 5g の蒸留水に 20mg の食塩を溶かしたもの。
エ 1t(トン) の蒸留水に 5kg の食塩を溶かしたもの。

> ガイド　イ 1L = 1000mL で，水 1mL は 1g である。

重要 **070** [溶解度(1)]
溶解度について調べるため，次の実験 1 〜 3 を行った。あとの問いに答えなさい。

図は，硝酸カリウム，ミョウバン，食塩の溶解度のグラフである。

〔実験 1〕 60℃の水を 100g 入れたビーカーに，硝酸カリウムを 30g 加え，すべてを溶かした。

〔実験2〕 60℃の水を100g入れたビーカーに，ミョウバンを35g加え，すべてを溶かした。この水溶液をある温度まで下げると，ミョウバンの結晶ができ始めた。温度をさらに下げていくと，多くのミョウバンの結晶ができたので，ろ過をした。

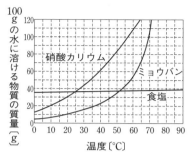

〔実験3〕 70℃の水を100g入れたビーカーに，溶解度まで食塩を溶かした。その後，この水溶液の温度を20℃まで下げても食塩の結晶はほとんど確認できなかった。

(1) 実験1でつくった水溶液に，硝酸カリウムを加えて溶かし，60℃の飽和水溶液をつくった。このとき加えて溶かした硝酸カリウムは何gか。　　　　　　　　　　　　　　　　　　　　　　　[　　　　　　　]

(2) 実験2で，ミョウバンの結晶ができ始めた温度はおよそ何℃か。　　[　　　　　　　]

(3) 実験2で行ったろ過の方法として適切なものを，次のア～エから1つ選び，記号で答えよ。　　　　　　　　　　　　　　　　　　　　　　　　　[　　　　　　　]

ア  イ  ウ  エ

(4) 実験3で，食塩の結晶がほとんど確認できなかったのはなぜか。その理由を簡潔に書け。
[　　　　　　　　　　　　　　　　　　　　　　　　　　　　　　　　　　　　　]

---

071 [溶解度(2)]

決まった量の水に溶ける物質の量には限界があり，その量を溶解度という。一般に溶解度は，100gの水に溶ける物質の質量で表す。右の表は，いろいろな物質の溶解度を示したものである。次の問いに答えなさい。

いろいろな物質の溶解度〔g〕

		20℃	40℃	60℃
ア	硫酸銅	36	54	80
イ	ミョウバン	11	24	58
ウ	食塩	36	36	37
エ	ホウ酸	4	9	15

(1) 40℃の水150gに，表のア～エの物質のうち1つを十分時間をかけて少しずつ溶かした。溶液全体の質量が186gになったところで，溶解する限界になった。この物質はア～エのうちのどれか。　　　　　　[　　　　　　　]

(2) 温度によって溶けやすさが異なることを利用し，一度溶かした物質を純粋な結晶として取り出す操作を何というか。漢字で答えよ。　　　　　　　　　　[　　　　　　　]

(3) 表のア～エのうち，(2)の方法が適さない物質はどれか。1つ選び，記号で答えよ。

[　　　　　　　]

ガイド 溶解度に関する問題は，必ずしもグラフで示されているものばかりではない。本問のように表で溶解度が示されることもあれば，文章中に数値で示されることもある。
　　(3)温度を下げても溶解度の変化が少ない物質は，(2)の方法が適さない。

072 **[出てくる結晶]**

図は，100gの水に溶ける硝酸カリウムの質量と，水の温度の
関係を表すグラフである。硝酸カリウム40gを50℃の水
100gにすべて溶かし，かき混ぜながら15℃までゆっくり冷
やした。50℃から15℃になるまでの，水溶液に溶けている硝
酸カリウムの質量と時間との関係を表したグラフとして最も
適切なものを下のア〜エから1つ選び，記号で答えなさい。

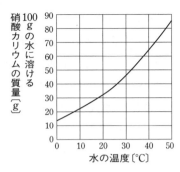

[　　　]

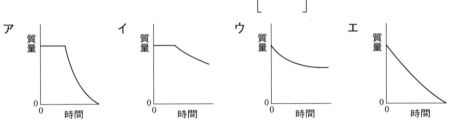

> **ガイド** 水に溶けていた硝酸カリウムが結晶になって出てくるまでは，水に溶けている硝酸カリウムの量は
> 変わらない。

073 **[水溶液の特徴]**

次のA，Bの文章を読み，あとの問いに答えなさい。

A：石灰の粉（水酸化カルシウム）を水で溶かし a 石灰水をつくった。粉が完全に溶けた石灰水
　　にBTB溶液を加えたところ（　①　）色に変化した。

B：石灰水に b ある気体を吹きこむと色の変化が見られた。

(1) 下線部aの石灰水は酸性・中性・アルカリ性のどれにあたるか答えよ。また，石灰水と
　　同じ性質になる物質を下のア〜オからすべて選び，記号で答えよ。

　　　　　　　　　　　石灰水 [　　　　　　] 同じ性質 [　　　　　　　]

　ア　炭酸水　　　　イ　セッケン水　　　ウ　食塩水　　　エ　レモン水　　　オ　胃液

(2) 文中の（　①　）にあてはまる色は，何色か答えよ。　　　　　　　　[　　　　　]

(3) 下線部bのある気体の名称を答えよ。　　　　　　　　　　　　　　　[　　　　　]

> **ガイド** (1)炭酸水やレモン水は弱い酸性を示す。胃液には塩酸が含まれているので酸性である。

074 **[水溶液の分類(1)]**

食塩水，塩酸，蒸留水のどれかがそれぞれ入っている3つのビーカーがある。この3つのビー
カーにどの液体が入っているかを判別するために，次のア〜オの操作をしようと考えた。判
別に関係のないこと，してはいけないことをすべて選び，記号で答えなさい。

　　　　　　　　　　　　　　　　　　　　　　　　　　　　　　　　[　　　　　]

ア　液体を少量取り，水を蒸発させて，白い粉末が残るか観察する。

イ　液体にマグネシウム片を入れ，水素が発生するか観察する。

ウ　液体を青色リトマス紙にガラス棒で1滴たらし，色の変化を観察する。

エ　液体を赤色リトマス紙にガラス棒で1滴たらし，色の変化を観察する。

オ　液体をなめてみる。

075〉[水溶液の分類(2)]

水溶液 A，B，C，D は，砂糖水，食塩水，うすい塩酸，うすい水酸化ナトリウム水溶液のうちのいずれかである。どの水溶液かを調べるために実験を行った。その結果が次の表である。あとの問いに答えなさい。

	水溶液 A	水溶液 B	水溶液 C	水溶液 D
においをかぐ	においなし	においなし	においなし	刺激臭
ステンレス皿に入れて加熱する	白い物質が出てきた	白い物質が出てきた	こげた	蒸発してなくなった
緑色の BTB 溶液を加えたときの変化	変化なし（緑色）	青色になった	変化なし（緑色）	黄色になった
リトマス紙につけたときの変化	変化なし	赤色のリトマス紙が青色に変わった	変化なし	青色のリトマス紙が赤色に変わった

(1)　A，C の水溶液の名称を答えよ。

A[　　　　　　　]　C[　　　　　　]

(2)　B の水溶液のように，緑色の BTB 溶液を青色に変える性質を何というか。

[　　　　　　]

(3)　実験で安全ににおいをかぐ方法を，次のア～エから1つ選び，記号で答えよ。

[　　　]

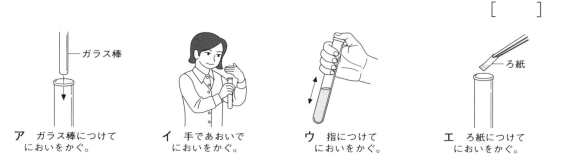

ア　ガラス棒につけてにおいをかぐ。　　イ　手であおいでにおいをかぐ。　　ウ　指につけてにおいをかぐ。　　エ　ろ紙につけてにおいをかぐ。

ガイド　(1)水溶液 A と C は BTB 溶液の色が変化しないので，中性であることがわかる。
　　　　(3)物質のにおいをかぐときには，物質に直接鼻を近づけてはいけない。

最 高 水 準 問 題 ────────────────────────────── 解答 別冊 p.18

076 塩化ナトリウム水溶液に関する次の問いに答えなさい。 （京都・同志社高國）

(1) 塩化ナトリウム水溶液から塩化ナトリウムを取り除いて，純粋な水を得たい。最も適当な方法は何か。漢字2文字で答えよ。 ［　　　　　　　］

(2) 塩化ナトリウム水溶液を加熱すると，塩化ナトリウムが固体となって出てくる。この現象を何というか。 ［　　　　　　　］

(3) 塩化ナトリウム水溶液50gを取り，水を完全に蒸発させたところ，塩化ナトリウムが13.2g残った。元の水溶液の濃度は何%か。 ［　　　　　　　］

077 次の問いに答えなさい。 （長崎・青雲高）

(1) 20℃で，10%の塩化ナトリウム水溶液の密度は1.07g/cm³である。塩化ナトリウムの結晶に20℃の水を加えて10%の塩化ナトリウム水溶液を100cm³つくるには，塩化ナトリウムの結晶何gに水を加えたらよいか。次のア～オの中から1つ選び，記号で答えよ。 ［　　　　　　　］

　　ア　塩化ナトリウム10.0gに水を90.0g加える。

　　イ　塩化ナトリウム10.0gに水を97.0g加える。

　　ウ　塩化ナトリウム10.7gに水を90.0g加える。

　　エ　塩化ナトリウム10.7gに水を89.3g加える。

　　オ　塩化ナトリウム10.7gに水を96.3g加える。

難 (2) 硝酸カリウム64gを80℃の水100gに溶かし，加熱して水をいくらか蒸発させた。その後20℃に冷却すると，38gの結晶が出てきた。蒸発させた水の質量について最も近い値はどれか。次のア～オから1つ選び，記号で答えよ。ただし，100gの水に溶ける硝酸カリウムの質量は20℃で32g，80℃で169gである。 ［　　　　　　　］

　　ア　10g　　イ　20g　　ウ　30g　　エ　40g　　オ　50g

078 次の文の空欄にあてはまる語句と数の組み合わせとして正しいものを，ア～エから選び，記号で答えなさい。 ［　　　　　　　］

（大阪桐蔭高）

　20%の水酸化ナトリウム水溶液を100cm³つくるには，溶媒の（　①　）96gに溶質を（　②　）〔g〕加えればよい。ただし，20%の水酸化ナトリウム水溶液の密度を1.2g/cm³とする。

　　ア　①水　　　　　　　　　②22

　　イ　①水　　　　　　　　　②24

　　ウ　①水酸化ナトリウム　　②22

　　エ　①水酸化ナトリウム　　②24

079 2種類の物質が水に溶けるようすを調べるため，実験を行った。あとの各問いに答えなさい。

(鳥取県改)

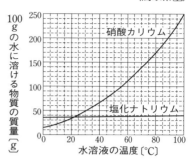

ただし，右のグラフは，水100gに物質を溶かして飽和水溶液にするときの，水溶液の温度と溶ける物質の質量との関係を表したものである。また，2種類の物質を同じ水に溶かしても，それぞれの物質の溶ける量は変化しないものとする。

〔実験〕 60℃の水200gに硝酸カリウム170gと，塩化ナトリウム60gを入れて混ぜたところ，すべて溶け，固体の物質は観察されなかった。次に，この溶液を室温の20℃まで冷やしたところ，固体の物質が観察されたので，それをろ過した。

(1) グラフから，60℃の水200gには硝酸カリウムは最大何gまで溶けることがわかるか。

[　　　　　　]

(2) 実験で，溶液の温度を20℃まで下げたとき，固体として出てきた物質と，固体が生じ始める温度をそれぞれ答えよ。

物質[　　　　　　] 温度[　　　　　　]

080 硝酸カリウム80gと塩化アンモニウム60gを乳ばちに入れて均一な混合物をつくり，十分に熱した水100gに溶かす。各物質の水に対する溶解度は右図の通りで，同じ水に混ぜて溶かしても互いに溶解度には影響しないものとする。これについて次の問いに答えなさい。

(三重・高田高改)

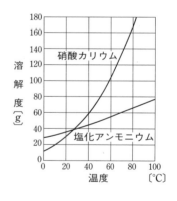

(1) この溶液を冷やしていったとき，何℃で結晶が出てくるか。次のア～カから最も近いものを1つ選び，記号で答えよ。[　　　]

ア 40℃　　イ 50℃　　ウ 60℃　　エ 70℃

オ 80℃　　カ 90℃

(2) さらに，この溶液を冷やしていき，塩化アンモニウムだけを結晶としてとり出すとき，最大何gとり出すことができるか。次のア～カから最も近いものを1つ選び，記号で答えよ。　[　　　]

ア 10g　　イ 20g　　ウ 30g　　エ 40g　　オ 50g　　カ 60g

(3) 再び，硝酸カリウム80gと塩化アンモニウム60gの均一な混合物140gをつくる。20℃に保った水100gの中にこの混合物を少しずつ溶かしていったら，溶け残りが出るまでに最大何g溶けるか。次のア～カから最も近いものを選び，記号で答えよ。　[　　　]

ア 30g　　イ 36g　　ウ 53g　　エ 66g　　オ 84g　　カ 116g

解答の方針

077 (1)水溶液の密度を使い，水溶液の質量を求めれば溶質の質量もわかる。
　　(2)蒸発させた水をx〔g〕とし，20℃の水に溶けている硝酸カリウムについて方程式を立てる。

080 (3)20℃の水に硝酸カリウムまたは塩化アンモニウムを最大限溶かす場合，それぞれ混合物では何g分になるかを考える。

081 **塩化アンモニウムに関する次の文を読み，あとの問いに答えなさい。** （千葉・東邦大附東邦高）

表1は，塩化アンモニウム
の溶解度を示したものである。
いま，塩化アンモニウムに不
純物としてガラス片の混ざっ
た固体粉末をビーカーにとり，
これにある量の水を加えたものを試料Aと
する。試料Aをいろいろな温度に保ち，固
体粉末中に含まれる塩化アンモニウムを十

表1

温度〔℃〕	0	10	20	30	40	50	60	80
100gの水に溶ける塩化アンモニウムの質量〔g〕	29.4	33.2	37.2	41.4	45.8	50.4	55.3	65.6

表2

温度〔℃〕	10	30	50	60
溶けずに残った固体の質量〔g〕	73.6	57.2	50.0	50.0

分溶解させて，溶けずに残った固体の質量を測定し，その結果を**表2**に示した。

(1) 試料Aについて，横軸に温度を，縦軸に溶けずに残った固体の質量をとったグラフをかくと，そ
れに最も近いものはどれか。次のア～クから1つ選び，記号で答えよ。　　　　　　　[　　　]

ア 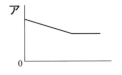　　イ 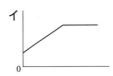　　ウ 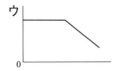　　エ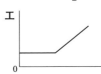

オ 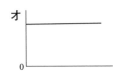　　カ 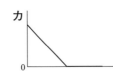　　キ 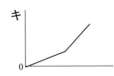　　ク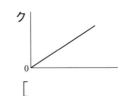

難(2) 試料A中に含まれているガラス片の質量は何gか。　　　　　　　　　　　　[　　　]

難(3) 試料A中に含まれている水の質量は何gか。　　　　　　　　　　　　　　[　　　]

(4) 試料Aを10℃からゆっくりと温めていったとき，塩化アンモニウムが溶けきる温度は何℃～何℃
の範囲か。次のア～オから1つ選び，記号で答えよ。　　　　　　　　　　　　[　　　]
　　ア　10～20℃　　　イ　20～30℃　　　ウ　30～40℃　　　エ　40～50℃　　　オ　50～60℃

082 **次の文を読み，あとの問いに答えなさい。** （東京・筑波大附高）

　99gの塩化ナトリウムに1gの硫酸銅が混ざった試料粉末がある。この試料粉末から純粋な塩化ナ
トリウムを取り出すために，次のような操作を行った。

　試料粉末3gをはかり取り試験管に入れた。この試験管に水3gを加えてよくふり混ぜたところ，
淡い青色の水溶液の中に固体が残っていた。この試験管を①試験管ばさみでつかんで②よくふりながら，
ガスバーナーで慎重に加熱したが，沸騰しても固体が溶けきることはなか
った。続いて，この試験管を室温になるまで冷ましてからろ過すると，ろ
紙の上に固体が得られたが，その固体は③淡い青色に見えた。

　そこで，ろ液が流れ出なくなってから，（　④　）。得られた固体をすく
い取り，蒸発皿に広げて放置し，水分を蒸発させて純粋な塩化ナトリウム
を得た。

　なお，塩化ナトリウムと硫酸銅の溶解度は**図1**の曲線の通りである。

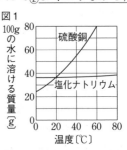

図1

(1)　下線部①の試験管ばさみは図2のような器具である。下線部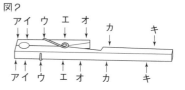
②の操作を安全に行うためには，親指と人差し指で試験管ばさ
みのどの部分をしっかり持つとよいか。図2のア〜キから1つ
選び，記号で答えよ。

[　　　　]

(2)　下線部②の操作を行うためにガスバーナーに火をつけると，図3のような
大きく黄色い炎になった。このあとガスバーナーのねじをどのように調節す
ればよいか。次のア〜クから1つ選び，記号で答えよ。　　　　[　　　　]
　　ア　上のねじを右に回したあと，下のねじを右に回す。
　　イ　上のねじを右に回したあと，下のねじを左に回す。
　　ウ　上のねじを左に回したあと，下のねじを右に回す。
　　エ　上のねじを左に回したあと，下のねじを左に回す。
　　オ　下のねじを右に回したあと，上のねじを右に回す。
　　カ　下のねじを右に回したあと，上のねじを左に回す。
　　キ　下のねじを左に回したあと，上のねじを右に回す。
　　ク　下のねじを左に回したあと，上のねじを左に回す。

(3)　下線部③において，淡い青色に見えた理由として最も適切なものを次のア〜オから1つ選び，記
号で答えよ。　　　　　　　　　　　　　　　　　　　　　　　　　　　　　　[　　　　]
　　ア　硫酸銅の結晶が混ざっていたから。
　　イ　塩化銅の結晶が混ざっていたから。
　　ウ　硫酸銅水溶液が残っていたから。
　　エ　液体の硫酸銅が残っていたから。
　　オ　液体の塩化銅が残っていたから。

(4)　空欄（　④　）にあてはまる操作として，最も適切なものを次のア〜カから1つ選び，記号で答えよ。
　　　　　　　　　　　　　　　　　　　　　　　　　　　　　　　　　　　　[　　　　]

　　ア　そのまま放置して表面が乾くのを待った
　　イ　そのまま放置して表面が乾くのを待ち，細かな青い1粒をピンセットでつまんで取り除いた
　　ウ　すぐにろ紙の上から水3gを3回に分けてゆっくりと注ぎ，ろ液が流れ落ちるのを待った
　　エ　すぐにろ紙の上から水3gを注ぎ，ガラス棒でろ紙の上の固体をよくかき混ぜながら，ろ液が
　　　　流れ落ちるのを待った
　　オ　固体をビーカーに取り出し，水3gを加えてガラス棒でよくかき混ぜ，新たなろ紙を用いて再
　　　　度ろ過した
　　カ　固体をビーカーに取り出し，水6gを加えてガラス棒でよくかき混ぜ，新たなろ紙を用いて再
　　　　度ろ過した

解答の方針

081　(2)表2で，数値が変化していない箇所に注意する。
　　　(3)表1で，100gの水では10℃から30℃に上がると8.2g多く溶けることがわかる。
082　(2)上が空気調節ねじ，下がガス調節ねじである。

3 状態変化

重要 083 [状態変化]

物質の状態変化について，次の問いに答えなさい。

(1) 次の文中の①～④の空欄には適する語を入れ，a～eには適する語句の組み合わせをア～エから1つ選び，記号で答えよ。

①[　　　] ②[　　　] ③[　　　] ④[　　　] 記号[　　　]

　物質の状態が変化するとき，体積は変化するが，（　①　）は変化しない。一般に，一定質量の液体が固体に変化するとき，体積はa(増加　減少)する。そのため密度はb(増加　減少)する。たとえば，エタノールの場合，一定質量の固体が液体に変わると体積はc(増加　減少)し，密度は（　②　）する。そのため，固体のエタノールを液体のエタノールの中に入れると固体のエタノールはd(浮く　沈む)。水の場合，一定質量の固体が液体に変わると体積は（　③　）し，密度は（　④　）する。そのため，固体を液体に入れるとその固体はe(浮く　沈む)。

ア　a　増加　b　増加　c　増加　d　浮く　e　浮く
イ　a　減少　b　減少　c　減少　d　沈む　e　沈む
ウ　a　減少　b　増加　c　増加　d　沈む　e　浮く
エ　a　増加　b　減少　c　減少　d　沈む　e　沈む

(2) 右の表は物質A～Dが-20℃，60℃，110℃のとき，どの状態にあるかを表したものである。それぞれの物質の融点や沸点の関係などについて述べた文として，正しいものを，次のア～オから2つ選び，記号で答えよ。[　　　　　]

	-20℃	60℃	110℃
A	固体	固体	固体
B	固体	液体	液体
C	固体	液体	気体
D	液体	液体	気体

ア　A～Dのなかに50℃で気体の物質がある。
イ　A～Dのなかで最も融点が低いのはAである。
ウ　BとCではBのほうが沸点が高い。
エ　A～Dのなかには，水の可能性がある物質はない。
オ　Dの融点は-20℃より低い。

ガイド (1)水↔氷の体積変化のしかたは，一般的な物質の体積変化のしかたと異なる例外であるが，質量については原則どおりである。

084 〉[いろいろな状態変化(1)]

次の実験について、問いに答えなさい。

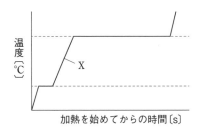

　図のように、注射器の中に少量のエタノールを入れて密閉し、ビーカーに入れた熱湯につけたところ、注射器のピストンが大きく押し上げられ、はずれた。

　次のア〜エのうち、この実験でピストンが大きく押し上げられた現象と同じ理由によって説明されるものはどれか。次のア〜エから1つ選び、記号で答えなさい。　　　　　　　　[　　　]

ア　熱気球は、熱せられた空気が膨張することによって上昇する。

イ　発電所の蒸気タービンは、水が熱せられて変化した水蒸気によって回転する。

ウ　温度計のガラス管に密閉されている液体は、温度によってその体積が変化する。

エ　カルメ焼きは、ふくらし粉に含まれる物質が熱せられて生じる気体によって膨張する。

ガイド　ア〜エのなかで、状態変化にあたるものはどれか。

085 〉[いろいろな状態変化(2)]

右の図は、ある質量の物質Aに熱を一定の割合で加え続けたときの、加熱を始めてからの時間と温度の関係を表したグラフである。また、次の文は、物質Aの温度と状態変化について述べたものの一部である。これについて、あとの問いに答えなさい。

　グラフに示されているように、物質Aは、固体が溶けて液体に、また、液体が沸騰して気体に変化する間の[　　　]ことから、純物質(純粋な物質)であることがわかる。

(1) 純物質(純粋な物質)として適当でないものを、次のi群ア〜エから1つ選べ。また、あとのii群カ〜クは、それぞれ固体、液体、気体のいずれかの状態における、物質Aをつくる粒子の集まり方を模式的に表したものであり、カ〜クの中の●は、物質Aをつくる粒子を表している。図中のXにおける物質Aのおもな状態での、物質Aをつくる粒子の集まり方を模式的に表したものとして最も適当なものを、カ〜クから1つ選べ。

　　　　　　　　　　　　　　　i群[　　　]　ii群[　　　]

i群. ア　エタノール　　イ　空気　　ウ　塩化ナトリウム　　エ　水

ii群. カ 　　キ □　　ク ▨

(2) 文中の[　　　]に入る適当な表現を、温度という語句を用いて、5字以上、8字以内で答えよ。

　　　　　　　　　　　　　　　　　　[　　　]

086 〉[水溶液の沸点]

次の文中の ☐ 1 ☐, ☐ 3 ☐ には適当な語句を記入し，{ 2 }，{ 4 }には下のア～オのグラフより最も適当なものを選び，記号で答えなさい。

1[   ] 2[   ] 3[   ] 4[   ]

　水は ☐ 1 ☐ なので，一定の割合で加熱していったときの時間と，温度の関係を表すグラフは{ 2 }のようになるが，塩化ナトリウム水溶液(食塩水)は ☐ 3 ☐ なので，そのグラフは{ 4 }のようになる。

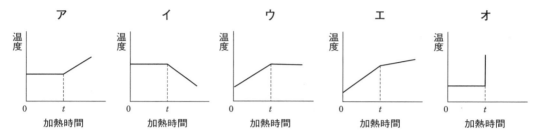

重要 087 〉[沸点]

図1のような装置を用いてエタノールを加熱する実験を行った。次の問いに答えなさい。

(1) 沸騰石をフラスコの中に入れる理由は何か。次のア～オから1つ選び，記号で答えよ。　　　　　　　　　　　[　　　]

ア　石が液体の中を動き回ることで対流を起こし，液体をほぼ均一に加熱して沸騰させるため。

イ　液体の中には必ず不純物があるので，石によって不純物を取り除いてきれいにしながら沸騰させるため。

ウ　液体だけで加熱すると温まりにくいので，石を入れて液体の温度を早く上昇させて沸騰させるため。

エ　石の小さな穴から泡が出て，液体が突然沸騰するのを防ぐことができるため。

オ　液体が沸騰するとき，出てくる泡が石の小さな穴に吸収されて，液体が突然沸騰するのを防ぐことができるため。

(2) 図1のAの部分で，試験管を水の入ったビーカーに入れてある理由は何か。次のア～オから1つ選び，記号で答えよ。　　　　　　　　　　　　　　　　　　　[　　　]

ア　水は入れなくてもよいが，水が入っているほうがビーカーが倒れにくくなるため。

イ　ビーカーの水で試験管を外側から冷やし，試験管の中に液体をたまりやすくするため。

ウ　試験管の中にたまった液体は，ビーカーの水で冷やしておかないと反応してしまうため。

エ　試験管が割れてしまったときに，試験管の中の液体をビーカーの中の水で薄めて過激な反応を防ぐため。

オ　水を入れておくと，光の屈折の関係で試験管の中が拡大されてよく観察できるため。

(3) エタノールらしき液体を図1の装置で加熱したところ，温度変化のようすは図2のようにはならず，図3のようになった。

このようになった理由として適するものはどれか。次のア～オから1つ選び，記号で答えよ。　　　　　　　[　　　]

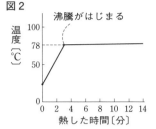
図2

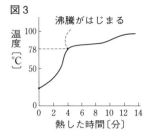
図3

ア　エタノールは図3のように温度変化するため。

イ　実験に用いた液体は水であったため。

ウ　実験に用いた液体は，エタノールと水が混ざっていたため。

エ　実験の途中で図1のAの部分の試験管が割れてしまったため。

オ　実験の途中でフラスコの中の液体がすべて蒸発してしまったため。

ガイド　(3) グラフの形に注目する。

088 [蒸留]

水とエタノールの混合物からエタノールを取り出すために，次の①～③の手順で実験を行った。表は，その結果をまとめたものである。あとの問いに答えなさい。

〔実験〕

①　丸底フラスコに，水26 cm³とエタノール24 cm³の混合物を入れ，図のようにして，弱火で加熱した。

②　ガラス管の先から出てきた液体を3 cm³ずつ，3本の試験管にとり，最初の試験管から順にA，B，Cとした。

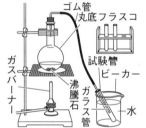

③　試験管A～Cにとった液体をそれぞれ別の脱脂綿にしみこませ，火を近づけて観察した。

(1)　この実験では，水とエタノールの何の違いを利用して，混合液からエタノールを取り出そうとしたのか。　　　　　　　[　　　　　　　]

(2)　②で試験管Bにとった液体について，表のような結果になったのはなぜか。液体に含まれるエタノールの割合に着目し，試験管Aにとった液体と比較しながら，その理由を答えよ。

[　　　　　　　　　　　　　　　]

A	よく燃えた。
B	燃えたがすぐ消えた。
C	燃えなかった。

(3)　②でとった液体に，エタノールが含まれているかどうか調べるには，③で行ったように，火を近づけることのほかにどのような方法があるか。1つ答えよ。

[　　　　　　　　　　　　　　　]

089 [蒸留の利用]

混合物から特定の物質を取り出す操作で，蒸留が利用できないものはどれか。次のア～エから1つ選び，記号で答えなさい。　　　　　　　[　　　]

ア　海水から水を取り出す。

イ　石油からガソリンを取り出す。

ウ　食塩と硝酸カリウム水溶液の混合物から硝酸カリウムを取り出す。

エ　水とエタノールの混合物からエタノールを取り出す。

最高水準問題 ———————————————————————————— 解答 別冊 p.21

090 ふつう，液体に固体を入れると，液体より密度の大きい固体は沈み，液体より密度の小さい固体は浮く。また，同じ物質でも状態によって体積が変化する。このことを調べるため，次の実験を行った。これに関して，あとの問いに答えなさい。　　　　　　　　　　　　　　　　　　（千葉県）

〔実験1〕　3つのビーカーA〜C，水，氷，固体のロウを用意し，図のように，ビーカーA，Bには水をおよそ50cm³，ビーカーCには溶かして液体にしたロウをおよそ50cm³入れた。次にビーカーAにはおよそ30cm³の氷を，ビーカーB，Cにはおよそ30cm³の固体のロウを入れて，そのときの浮き沈みのようすを観察したところ，表のような結果が得られた。

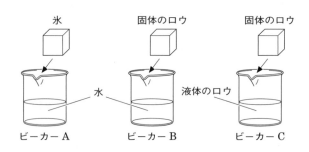

ビーカー	入れた固体のようす
A	浮かんだ
B	浮かんだ
C	沈んだ

〔実験2〕　ビーカー内の物質全体の体積を，それぞれ，すぐに調べた。また，ビーカーごとのそれぞれの質量を測定した。

〔実験3〕　すべてのビーカーを温めて，中に入っている固体を液体にし，ビーカーごと，それぞれの質量を測定した。それぞれ，質量は温める前（実験2）と変わらなかった。

〔実験4〕　ビーカー内の物質がすべて液体のうちに，ビーカー内の物質全体の体積をそれぞれ調べた。

〔実験5〕　そのまま放置したところ，ビーカーCの中にある物質はやがて冷え，固体となった。

(1)　実験に用いた，水，氷，液体のロウ，固体のロウのうち，密度が最も大きいものはどれか。次のア〜エのうちから最も適当なものを1つ選び，その記号を書け。　　　　　　　　　　［　　　］

　　ア　水　　　　イ　氷　　　　ウ　液体のロウ　　　　エ　固体のロウ

難(2)　実験2で調べた体積と比べて，実験4で調べた体積のほうが大きいビーカーはどれか。A〜Cのうちから適当なものをすべて選び，その記号を書け。　　　　　　　　　　　　　　　　　［　　　］

(3)　実験5で，すべて固体となったようすを表す図はどれか。次のア〜エのうちから最も適当なものを1つ選び，その記号を書け。ただし，図は断面を模式的に表したものであり，図中の点線は，冷えはじめる前の液のおよその位置を示している。　　　　　　　　　　　　　　　　　　　　　　　　　　［　　　］

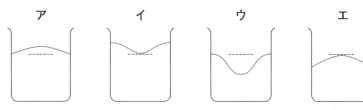

091 パルミチン酸の温度を変化させたときの状態変化について調べるために，次の実験を行った。これについて，あとの問いに答えなさい。 (栃木県改)

　パルミチン酸をおだやかに加熱するために図1のように，太い試験管に短く切った割りばしを入れてから，パルミチン酸の粉末が入った試験管をさしこんだ。ビーカーに熱湯を入れ，ガスバーナーに火をつけて加熱し，30秒ごとにパルミチン酸の温度を測定した。図2は，加熱を始めてから20分後までの結果をグラフに表したものである。

図1
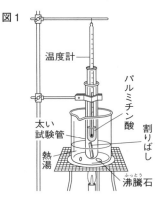

(1) 液体のパルミチン酸が観察できるのは，加熱してから約何分後からか答えよ。　　　　　　　　　　　[　　　　　　]

(2) この実験を始めて20分経過した後も加熱を続けたところ，パルミチン酸の温度が一定になったが，パルミチン酸が沸騰するようすは見られなかった。この理由を答えよ。
　　　　[　　　　　　　　　　　　　　　　　　　]

(3) この実験で20分間加熱した後，すぐに試験管をビーカーから出し，室温で30分間冷やしたとする。このときのパルミチン酸の温度変化を示したグラフを次のア〜エから1つ選び，記号で答えよ。
　　　　　　　　　　　　　　　　　[　　　　]

図2
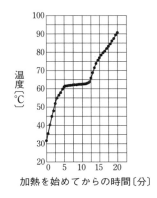
加熱を始めてからの時間〔分〕

ア
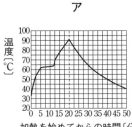
加熱を始めてからの時間〔分〕

イ
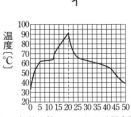
加熱を始めてからの時間〔分〕

ウ
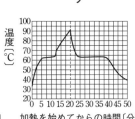
加熱を始めてからの時間〔分〕

エ
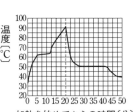
加熱を始めてからの時間〔分〕

092 図は，石油からガソリンや灯油などの成分を取り出す装置を，模式的に示したものである。この装置でガソリンや灯油などの成分を取り出すことができる理由を，簡単に説明しなさい。

(兵庫県改)

　　　　[　　　　　　　　　　　　　　　　　　　]

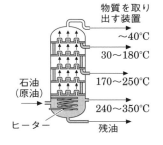

解答の方針

090　(2)水とロウで，固体から液体に変化するときの体積の変化の違いに注目する。
091　(3)パルミチン酸が冷えていくとき，どのような温度で状態変化するか考える。
092　蒸留の応用問題である。図の右側にある温度に注目する。

093 ▶ 次の実験について，あとの問いに答えなさい。

(北海道改)

図1のように，水とエタノールの混合物 50 cm³ を丸底フラス
コに入れ，おだやかに加熱しながら蒸気の温度を測定した。加
熱を始めてからしばらくすると，①この混合物は沸騰し始め，試
験管 A の中に液体がたまり始めた。

その後，液体が 5 cm³ たまるたびに試験管をとりかえ，試験管
A，B，C，D，E の順に液体を集めていった。

図2は，この実験における加熱時間と蒸気の温度との関係を
グラフに表したものである。

丸底フラスコの中に残っていた液体が冷えてから，この液体
をメスシリンダーで②20 cm³ はかり取り，質量を測定したところ，
X g であった。表は，3種類の液体について，20 cm³ あたりの質
量を示したものである。

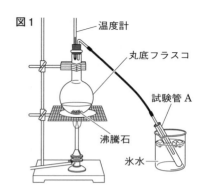
図1

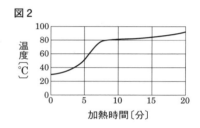
図2

(1) 下線部①のようになったのは，加熱を始めてから約何分後
か。最も適当なものを，ア～エから1つ選び，記号で答えよ。

[   ]

ア　約3分後　　　イ　約7分後
ウ　約10分後　　エ　約14分後

(2) 下線部②の X がとる値を，例にならって不等号を用
いて表せ。

例　$X < 15.8$　　　[   ]

液体の種類	液体 20 cm³ の質量〔g〕
水	20.0
エタノール	15.8
水とエタノールの混合物	17.9

難 (3) 試験管 A～E に集めた液体を同じ体積ずつはかり取り，質量を測定したときの，それぞれの液
体の質量を表したグラフとして最も適当なものを，次のア～エから1つ選び，記号で答えよ。

[   ]

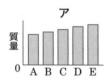

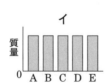

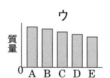

094 ▶ 状態変化のようすや熱の出入りを調べるために，1L のビーカーに氷を 500 g 入れて −20℃ ま
で冷却し，その後ガスバーナーを用いて加熱した。右の図は，そのときの加熱時間に対する水
の温度変化のようすを調べ，その特徴を示したものである。この図をもとに，次の問いに答え
なさい。ただし，用いたガスバーナーは毎分 35 kJ の熱量を発生する。また，水（液体）1 g を 1℃
上昇させる熱量は 4.2 J とする。

(愛媛・愛光高)

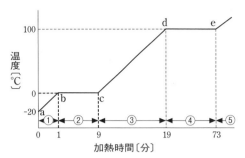

(1) 氷が存在しているのはどの間か。図中の①～⑤からすべて選び，記号で答えよ。 [　　　　　]

(2) 水が沸騰を始めるところはどこか。図中のa～eから1つ選び，記号で答えよ。 [　　　　　]

難(3) ガスバーナーから発生した熱量のうち，一部は空気や実験器具その他に奪われるため，実際にビーカーに吸収される熱量は目減りしてしまう。今回の実験では，ガスバーナーから発生した熱量のうち何%がビーカー内の水に吸収されたと考えられるか。 [　　　　　]

(4) 水が液体の状態と固体の状態では，どちらのほうが温まりやすいか。 [　　　　　]

難(5) 氷1gを1℃上昇させるのに必要な熱量は何Jか。 [　　　　　]

095 右の図のように，ある質量の−50℃の固体物質をビーカーに入れ，ガスバーナーを用いて一定の炎の大きさで加熱した。次の問いに答えなさい。

(京都・龍谷大附平安高改)

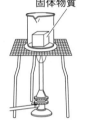
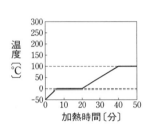

(1) この実験に用いた物質の名称を答えよ。 [　　　　　]

(2) 15分間加熱したときのビーカーの中のようすとして最も適するものを，次のア～オから1つ選び，記号で答えよ。 [　　　　　]

ア 　イ 　ウ 　エ 　オ

解答の方針

093 (3)A～Eの液体について，水とエタノールの割合のちがいを見ていく。

094 (3)グラフの③領域において，ガスバーナーからの熱量と水の温度上昇に使われる熱量をそれぞれ計算する。水の温度上昇に使われる熱量は以下の計算で求められる。

　　　熱量〔J〕＝（水の質量）×（上昇した温度）×4.2

(4)グラフの①と③を比較して，どちらが温度上昇が大きいか判断する。水の場合，グラフより10分間で100℃上昇しているので，1分間では10℃上昇することがわかる。

095 (1)融点，沸点から物質を判断できる。

⏱ 時間50分　得点

🎯 目標70点　　／100

1 次の文章を読んで，あとの問いに答えなさい。

(愛媛・愛光高改)

(各2点，計12点)

体積 5cm³ の立方体 A，B，C，D，E，F，G，H がある。A〜H は木炭(備長炭)，ガラス，アルミニウム，食塩，鉄，プラスチック，銅，木のいずれかである。A〜H がそれぞれどれであるかを確かめるために，次の実験を行った。ただし，木の密度は 1g/cm³ よりも小さかった。

〔実験1〕 A〜H をそれぞれ磁石に近づけると磁石についたのは A だけであった。

〔実験2〕 B〜H にそれぞれ電気を流すと，B，C，H に電気が流れた。

〔実験3〕 B，C，H をそれぞれハンマーでたたくと，B，C はうすく広がったが，H はくだけて粉々になった。

〔実験4〕 B，C をガスバーナーの青い炎の中に入れて熱すると，B の表面にはススとは違う黒色の物質ができたが，C には黒色の物質はできなかった。

〔実験5〕 D，E，F，G をすべて水 30cm³ の中に同時に入れると G だけが水に浮いた。その後，時間がたつにつれて D が水に溶け，F が水に浮いた。さらに時間がたつと D は完全に水に溶けた。

〔実験6〕 E，F，G を燃やすと F と G では石灰水を白くにごらせる性質をもつ共通の気体が発生したが，E では気体を生じなかった。

(1) 実験5で F が浮かび上がる原因の1つは濃度である。D の溶解度を 35.8 とすると，その飽和水溶液の濃度はいくらになるか。四捨五入して小数第1位まで答えよ。

(2) A，C，D，F，H はそれぞれ何か。その名前を答えよ。

(1)		
(2) A	C　　　　　　D	F　　　　H

2 次の記述を読んで，あとの問いに答えなさい。

(大阪教育大附高池田改)

((1)各2点，(2)〜(4)各3点，計17点)

社会では，人口が集中する度合いを表す尺度として「人口密度」を考える。理科では物質の「密度」を考える。密度は，物質を構成する粒子のありさまやふるまいを考えるために重要な数値である。

I 弟(妹)と風呂に入ろうとしたとき，水面付近の水はとても熱く底のほうは冷たいことがあった。容器の中の水が温まるときなど，液体や気体が温まるときはおもに(A)という熱の伝わり方をする。

II 水は約(B)℃のとき最も密度が大きく，湖や河川が凍結するときは(C)から凍結する。

III 右図は同じ数の水の粒子とベンゼンの粒子をメスシリンダーに入れたことを示している。

IV ベンゼンの固体(ベンゼンが冷えて結晶化したもの)は，ベンゼンの液体中では沈む。

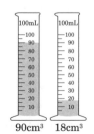

90cm³　　18cm³

Ⅴ　北極海の海底には，メタンガスの粒子が氷の結晶の中にある（　D　）に入りこんだ構造の「メタンハイドレート」が分布していることがわかっている。これは氷が溶けると同時にメタンガスが発生するので，新しいエネルギーとして注目されている。

(1)　（　A　）〜（　D　）にあてはまる語を考えて入れよ。

(2)　Ⅱについて，湖や河川にすむ生物にとってどのようなことが好都合か説明せよ。

(3)　Ⅲについて，水粒子1個の質量：ベンゼン粒子1個の質量 = 3：13，水の密度 $1.0\,g/cm^3$ として，ベンゼンの密度を小数第2位まで求めよ。ただしベンゼンは水と混じりあわず，浮く。

(4)　Ⅳについて，同じ数のベンゼン粒子がしめる体積は，液体が固体に変わるときどうなるか。また，水の粒子のときはどのようになるか。

(1)	A		B		C		D	
(2)								
(3)			(4)					

3　表は A 〜 E の 5 種類の物質の融点と沸点を示したものである。次の問いに答えなさい。

（栃木・佐野日本大高）

（各2点，計8点）

	融点〔℃〕	沸点〔℃〕
A	−259	−253
B	−64	61
C	−94	111
D	0	100
E	848	1487

(1)　80℃のとき，固体の物質はどれか。次のア〜コから1つ選び，記号で答えよ。

ア　A　　　イ　B　　　ウ　C　　　エ　D

オ　E　　　カ　AとB　キ　BとC　ク　CとD

ケ　DとE　コ　BとD

(2)　80℃のとき，液体の物質はどれか。次のア〜コから1つ選び，答えよ。

ア　A　　　イ　B　　　ウ　C　　　エ　D　　　オ　E

カ　AとB　キ　BとC　ク　CとD　ケ　DとE　コ　BとD

(3)　80℃のとき，気体の物質はどれか。次のア〜コから1つ選び，記号で答えよ。

ア　A　　　イ　B　　　ウ　C　　　エ　D　　　オ　E

カ　AとB　キ　BとC　ク　CとD　ケ　DとE　コ　BとD

(4)　A 〜 E のなかで水はどれか。次のア〜オから1つ選び，記号で答えよ。

ア　A　　　イ　B　　　ウ　C　　　エ　D　　　オ　E

(1)		(2)		(3)		(4)	

4 次の文を読み，あとの問いに答えなさい。　　　　　　　　　　（福岡・久留米大附設高＠）

（各2点，計28点）

気体A〜Gは，①水素，②酸素，③二酸化炭素，④アンモニア，⑤塩素，⑥二酸化硫黄，⑦窒素のいずれかである。これらの気体について，次の〔実験1〕〜〔実験8〕を行った。

〔実験1〕　気体A〜Gの色を調べたところ，色のある気体は気体Aのみであった。

〔実験2〕　気体A〜Gのにおいを調べたところ，においのある気体は，気体A，C，Gであった。

〔実験3〕　気体A〜Gを水に溶かしたところ，気体Fは少し溶け，気体A，C，Gはよく溶けた。

〔実験4〕　気体C，F，Gを水に溶かした水溶液にBTB溶液を数滴加えたところ，気体Gを溶かした水溶液は青色に，残りの気体を溶かした水溶液はすべて黄色に変化した。

〔実験5〕　気体A〜Gの重さを空気と比較したところ，空気より軽い気体は，気体B，E，Gだった。

〔実験6〕　気体BとDとを混ぜ，点火すると大きな音を立てて爆発的に反応した。

〔実験7〕　気体Dの入った集気びんに火のついた線香を入れると，線香が激しく燃えた。

〔実験8〕　気体Fを石灰水に通すと，石灰水が白くにごった。

(1)　気体A〜Gはそれぞれ何か。①〜⑦の番号で答えよ。

(2)　実験1について，気体Aの色は何色か。

(3)　実験2について，これらの気体のにおいはどのようなものか。漢字3字で答えよ。

(4)　実験4について，この実験で用いた気体のうち，酸性雨の原因物質として考えられている物質を1つ選び，①〜⑦の番号で答えよ。

(5)　実験4で，BTB溶液のかわりに無色のフェノールフタレイン溶液を数滴入れたとき，それぞれの気体を溶かした水溶液は何色に変化するかを答えよ。

(6)　実験5について，気体B，E，Gのうち，最も軽い気体はどれか。

(1)	A		B		C		D		E		F		G	
(2)			(3)				(4)							
(5)	C		F		G		(6)							

5 次の文章を読み，あとの問いに答えなさい。　　　　　　　　　　　　（大阪・清風高＠）

（(1)(2)各2点，(3)〜(5)各3点，計13点）

固体の物質が水に溶けるようすを調べるため，次の実験1〜3を行った。ただし，実験中の水の蒸発はなく，物質の溶解度は他の物質が混ざっていても互いに影響をおよぼさないものとする。また，図は，硝酸カリウムと塩化ナトリウムの水100gに溶ける量〔g〕を示した溶解度曲線である。

〔実験1〕　2つのビーカーX，Yを用意し，それぞれに水100gを入れ，2つとも50℃になるまで加熱した。加熱を止め，その温度を保ったまま，ビーカーXには硝酸カリウムを40g，ビーカーYには塩化ナトリウムを30g入れ，ガラス棒でかき混ぜてすべて溶かした。

〔実験2〕　2つのビーカーX, Yの水溶液をしばらく放置し, 室温と同じ20℃になったときのそれぞれの変化を観察した。

〔実験3〕　再びビーカーXを50℃になるまで加熱した。その状態でビーカーXの水溶液の半分を新しく用意したビーカーAに移した。さらにビーカーAの水溶液の温度を10℃になるまで冷却した。

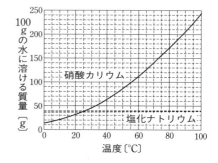

(1)　一定量の水に物質を溶かしていき, 物質がそれ以上溶けきることのできなくなった水溶液のことを何というか。

(2)　実験1のビーカーXの水溶液にさらに硝酸カリウムを溶かしたとき, 次のア〜エの量の硝酸カリウムのうちすべて溶け, できる硝酸カリウム水溶液の濃度が最も高くなるのはどれか。
　ア　30g　　　イ　40g　　　ウ　50g　　　エ　60g

(3)　実験2の結果として適する組み合わせを次のア〜エから選び, 記号で答えよ。

(4)　実験3の結果として, 10℃になるまで冷却したビーカーAの中には何gの水溶液があるか。

	ビーカーX	ビーカーY
ア	変化なし	変化なし
イ	結晶生成	変化なし
ウ	変化なし	結晶生成
エ	結晶生成	結晶生成

(5)　新しくビーカーを1つ用意し, 硝酸カリウムと塩化ナトリウムをともに68gずつ入れた。これら2つの物質を完全に溶かすのに, 43℃の水は少なくとも何g必要か。最も適するものを次のア〜オから選び, 記号で答えよ。
　ア　50g　　イ　100g　　ウ　150g　　エ　200g　　オ　250g

(1)		(2)		(3)		(4)		(5)	

6　右図はガスバーナーである。このガスバーナーは, ねじA, Bにより火力を調整するようになっており, ガスの元栓がCである。次の文の(　　)にはA〜Cから1つ選び, 〔　　〕には適当な語句を入れなさい。　　　　　　　　　(千葉・麗澤高改)(各2点, 計22点)

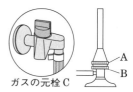

(　ア　)は空気の流量を, (　イ　)はガスの流量を調節するねじである。ガスバーナーに火をつけるには, 最初A, B, Cすべてのねじが締まっているのを確認したあと, まず(　ウ　)を開ける。ついで(　エ　)を締めたまま(　オ　)を少し開けてマッチで点火する。(　カ　)を開いていくと〔　キ　〕色の炎がうすい〔　ク　〕色の炎になる。炎を消すにはまず(　ケ　)を締め, 次に(　コ　)を締め, 最後に(　サ　)を締める。

ア		イ		ウ		エ		オ		カ		
キ			ク			ケ		コ		サ		

1 光の性質

（解答）別冊 p.24

標 準 問 題

096 〉[屈折と全反射]

光の屈折について調べるため，実験を行った。あとの問いに答えなさい。

〔実験1〕 水槽に水を半分程度入れて，レーザー光を水から空気へと
入射した。このときの光の道筋を真横から観察したところ，図1の
ようになった。

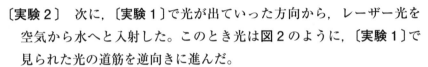

〔実験2〕 次に，〔実験1〕で光が出ていった方向から，レーザー光を
空気から水へと入射した。このとき光は図2のように，〔実験1〕で
見られた光の道筋を逆向きに進んだ。

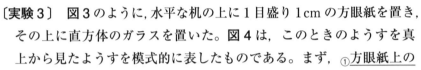

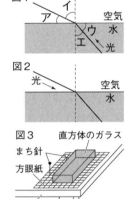

〔実験3〕 図3のように，水平な机の上に1目盛り1cmの方眼紙を置き，
その上に直方体のガラスを置いた。図4は，このときのようすを真
上から見たようすを模式的に表したものである。まず，①方眼紙上の
点Aに頭部が黒いまち針を刺した。次に，点Bに頭部が白いまち針を刺し，ガラスを通して
まち針を見て，②2本のまち針がちょうど重なって見える位置を点Oとした。

〔実験4〕 〔実験3〕の装置で，観察する場所を図5の点O′に移動したところ，点Aのまち針
はガラスの側面Xを通して見ることができなかった。

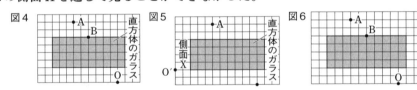

(1) 〔実験1〕で，光の屈折角はどれか。図1のア～エから1つ選び，記号で答えよ。

[   ]

(2) 〔実験3〕で，下線部①のとき，点Aを出てからガラスを通して点Oに届くまでの光の道
筋を上の図6に実線でかけ。また，下線部②のとき，ガラスを通して見たまち針と，ガラ
スの上にはみ出て見えた2本のまち針の頭部の見え方として，最も適切なものを次のア～エ
から1つ選び，記号で答えよ。　　　　　　　　　　　　　　　　　　　　[   ]

ア　　　　　　イ　　　　　　ウ　　　　　　エ

(3) 〔実験4〕で，点Aのまち針が見えないのは，図5で点Aから出てガラスに入り，側面X
に入射した光のうち，屈折して空気へ進む光がないためである。側面Xで起きたこのよう
な光の進み方を何というか。　　　　　　　　　　　　　　　　　　　[   ]

重要 097 〉[光の屈折と反射]

次の問いに答えなさい。

(1) 台形ガラスに図1の①と②のように光を当てたとき、それぞれの光の進む道筋はどれか。最も適当なものを図1のア〜エ、オ〜クからそれぞれ1つ選び、記号で答えよ。

①[　　　]　②[　　　]

図1

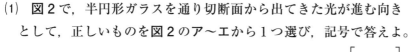

(2) 図2のように水槽に水を入れ、光源装置からの光の道筋を調べたところ、図2の矢印のように一部は曲がって水中に入り、一部ははね返って空気中を進んだ。

屈折角と反射角を図2のア〜カからそれぞれ1つ選び、記号で答えよ。

屈折角[　　　]　反射角[　　　]

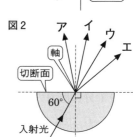

ガイド (1)①平行なガラス面では、最初の入射光線と最後の屈折光線が平行になる。

098 〉[屈折と全反射]

図1は、円柱状の無色透明なガラスを、軸を通る平面で切断した形の半円形ガラスである。図2のように、入射光がつねに軸に向かうようにしながら半円形ガラスに光を入射させた。入射光と切断面がつくる角度は60°であった。これについて、次の問いに答えなさい。

(1) 図2で、半円形ガラスを通り切断面から出てきた光が進む向きとして、正しいものを図2のア〜エから1つ選び、記号で答えよ。

[　　　]

(2) 図2の状態から、入射光の方向はそのままにして、半円形ガラスを軸のまわりに35°回転させた状態が図3である。このとき、図3の切断面では全反射が起こった。

反射光の反射角を求めよ。ただし、図3には入射光だけがかいてある。

[　　　]

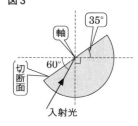

ガイド (2)入射光と切断面の間の角度を求めてみる。

099 ▷ **[焦点距離の見つけ方]**

次の実験について，あとの問いに答えなさい。

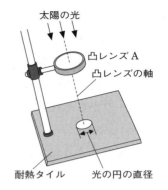

太陽の光
凸レンズＡ
凸レンズの軸
耐熱タイル　　光の円の直径

　図のように，凸レンズと耐熱タイルを平行にし，太陽の方向に
レンズを向け，太陽の光が光軸に平行になるように当てると円が
できた。レンズの中心から耐熱タイルまでの距離が 3.0 cm のとき
にできた円の直径を測り，次にレンズを 2.0 cm ずつ耐熱タイル
から遠ざけ，そのつど耐熱タイルの上にできた円の直径を測ってい
った。

　この実験を凸レンズＡ，Ｂについて行い，その結果をまとめたものの一部が次の表である。

　凸レンズＡの焦点距離は 10 cm であ
る。凸レンズＢの焦点距離は何 cm で
あるか。次のア～エから１つ選び，記
号で答えよ。　　　　　　[　　　]

ア　10.0 cm　　　イ　20.0 cm

ウ　30.0 cm　　　エ　40.0 cm

レンズの中心から耐熱タイルまでの距離〔cm〕	3.0	5.0	7.0	9.0	11.0	13.0
凸レンズＡでできた光の円の直径〔cm〕	4.2	3.0	1.8	0.6	0.6	1.8
凸レンズＢでできた光の円の直径〔cm〕	5.1	4.5	3.9	3.3	2.7	2.1

> **ガイド** 凸レンズでできた光の円の直径が最小(0cm)になるような，レンズの中心からタイルまでの距離が，
> 焦点距離と考えてよい。また，表の規則正しい数値変化から考える。

◆重要 100 ▷ **[凸レンズと光の進み方(1)]**

レンズについて，次の問いに答えなさい。ただし，作図に用いた補助線などは残しておくこと。

(1)　図のように，凸レンズとろうそくを，ろうそくの位置が凸レンズの焦点距離の３倍となる
ように置いた。次に，スクリーンを，凸レンズをはさんでろうそくを置いた位置とは反対側
の十分に離れたところから凸レンズに近づけ，ろうそくの像がはっきりうつる位置で止めた。

　　このとき，スクリーンにうつったろうそくの像を下の図に作図せよ。ただし，像は矢印(↑)
で表すものとする。

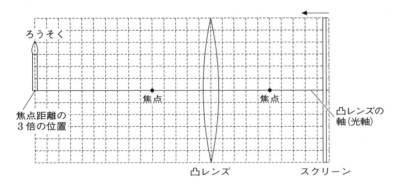

ろうそく

焦点　　　　　　　焦点

凸レンズの軸(光軸)

焦点距離の
３倍の位置

凸レンズ　　　スクリーン

(2)　一郎さんが図のように物体(↑)を見たとき，物体はどのように見えたか。下の左側の図中に，凸レンズを通して見えた像を矢印(↑)でかき入れよ。

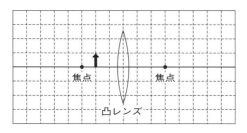
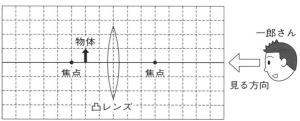

ガイド　像の作図には，光源から軸に平行に進む光と，凸レンズの中心を通る光を用いればよい。

101 [凸レンズと光の進み方(2)]

図1のように，光学台上にろうそくと凸レンズを，15cm はなして固定した。スクリーンの位置を調節すると，スクリーンの位置が凸レンズから30cmのとき，スクリーンに上下逆さまの像がはっきりうつった。これについて，次の問いに答えなさい。

図1

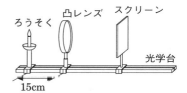

(1)　図2は，実験を模式的に表したものであり，ろうそくの炎の先端から出た光のうち，光軸に平行に入射した光の進む道筋を矢印で示したものである。この凸レンズの焦点距離は何cmか。

[　　　　　　]

図2

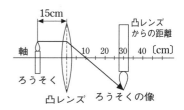

(2)　この実験で，ろうそくの炎の先端から出た光のうち，図3の点線の矢印のように凸レンズに入射した光が，凸レンズを通過した後に進む道筋は，図3のア～エのどれか。

[　　　]

図3

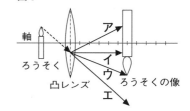

ガイド　(2)炎の先端から凸レンズの中心を通る光は，直進して実像の先端に進む。

重要 102 [レンズと像のでき方(1)]

右の図のように，ろうそく，凸レンズ，スクリーンを置いた。凸レンズだけをろうそくからスクリーンに向かって動かすと，凸レンズがaとbの位置のとき，スクリーン上に像がはっきりとうつった。aとbのそれぞれの位置で，スクリーン上にできる像の組み合わせとして適切なものを，次のア〜エから1つ選び，記号で答えよ。　　　[　　　]

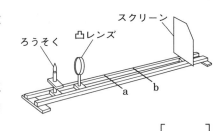

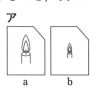 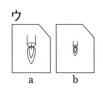 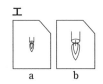

重要 103 [レンズと像のでき方(2)]

図のように，焦点距離が15cmの凸レンズと光学台を用いて，物体Aの像をスクリーンにうつした。物体AがXの位置にあったとき，物体Aの実像がスクリーンにできた。これについて，次の問いに答えなさい。

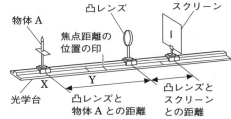

(1) 図の凸レンズの位置を固定し，物体AをYの位置に動かしたとき，スクリーンに物体Aの実像ができるようにするには，スクリーンをどのように動かせばよいか。　　　[　　　　　　　　　　　　]

(2) (1)のとき，できた実像は，物体AがXの位置にあったときと比べて大きさはどのように変わったか。　　　[　　　　　　　　　　　　]

(3) スクリーンにできた実像の大きさが，物体Aの大きさと同じになった。このとき，物体Aとスクリーンとの距離は何cmか。　　　[　　　　　　　　　　]

104 [レンズと像のでき方(3)]

次の問いに答えなさい。

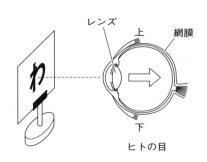

(1) ヒトの目はレンズのはたらきで網膜上に像をつくっている。右の図は，紙に書かれた「わ」の文字を見ているようすを模式的に表したものである。このとき，網膜上にはどのような像がうつっているか。図の矢印(⇨)の方向から網膜を見たときの像として適切なものを，次のア〜エから1つ選び，記号で答えよ。　　　[　　　]

(2) カメラでは，物体との距離に応じて凸レンズを前後に移動させることにより，フィルム上にはっきりした像をつくっている。これに対して，ヒトの目では，レンズをどのようにすることで網膜上にはっきりした像をつくっているか。簡潔に答えよ。

[   ]

> ガイド (1) 矢印の方向から見た像を問われている点に注意する。

---

105 [レンズと像の大きさ]

次の問いに答えなさい。

(1) 図1は，スクリーンにろうそくの像がうつったときの，ろうそくと凸レンズ，スクリーンの位置関係を模式的に表したものである。ろうそくとスクリーンの位置を変えず，凸レンズを焦点距離の大きいものに変え，凸レンズを動かしてスクリーンにろうそくの像がうつるようにした。このとき，ろうそくの像は元の像に比べてどのようになるか。また，このときのスクリーンと凸レンズの距離はどのようになるか。下のア～カより最も適切なものを選び，記号で答えよ。

[   ]

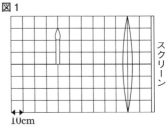
図1

	像の大きさ	スクリーンと凸レンズの距離
ア	大きくなる	大きくなる
イ	大きくなる	変わらない
ウ	大きくなる	小さくなる
エ	小さくなる	大きくなる
オ	小さくなる	変わらない
カ	小さくなる	小さくなる

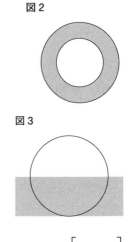

(2) カメラの絞り（しぼり）は，図2のようにレンズを外側から黒い薄い板でおおい，レンズに入る光の量を調節するものである。図3のように実験でレンズの下半分を黒い紙でおおうと，スクリーン上の像は元に比べてどのようになるか。次のア～エから1つ選び，記号で答えよ。

[   ]

ア　像は同じ大きさだが，半分しかうつらなくなる。

イ　像の大きさが半分になる。

ウ　像の大きさや形は変わらない。

エ　そのままでは像がうつらないため，レンズの位置を動かす必要がある。

最高水準問題 —————————————————— 解答 別冊 p.26

106 光の屈折における法則性を調べるため，実験を行った。あとの問い(1)〜(3)に答えなさい。

（千葉・渋谷教育学園幕張高）

〔実験〕

◎器具　半円形ガラス（半径5.0cm），レーザー光源装置，方眼紙，定規

◎手順

①　方眼紙に直交する直線を引き，x軸，y軸とする。そして，原点Oを中心とする半径10.0cm の円を描く。

②　方眼紙を机上に敷き，ガラスの平面がx軸に重なり，半円の中心が原点Oに重なるように，半 円形ガラスを置く。

③　レーザー光源装置を水平に置き，平面側から半円形 ガラスの中心に向けてレーザー光線を当てる。

④　レーザー光線が方眼紙の円と交差する位置を，入射 側の点P，透過側の点Qそれぞれについて求め，印を つける。

⑤　2点P，Qのy軸からの距離PP′，QQ′を測る。

⑥　PP′の値をいろいろ変えて，QQ′を測る。

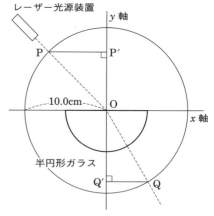

◎結果

PP′〔cm〕	0	2.0	3.0	4.0	5.0	6.0	7.0	8.0
QQ′〔cm〕	0	1.4	2.0	2.6	3.4	4.0	4.6	5.4

🔺(1)　他の光源と比べたとき，光の反射や屈折について実験を行う上でのレーザー光の利点は何 か。簡単に書け。

　　　　　　　　　　　　　　　[　　　　　　　　　　　　　　　　　]

🔺(2)　通常，光の道筋は見えない。手順④で，点Pや点Qを求めるために必要な工夫を簡単に 書け。

　　　　　　　　　　　　　　　[　　　　　　　　　　　　　　　　　]

　　PP′を横軸にQQ′を縦軸にとってグラフを描くと，光の屈折についての規則性が見えてくる。 そして，PP′とQQ′の比 $\dfrac{\mathrm{PP}′}{\mathrm{QQ}′}$ をガラスの屈折率という。

(3) グラフから，ガラスの屈折率を小
数第1位まで求めよ。

[　　　　　]

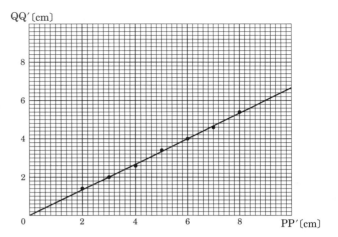

107 図は，凸レンズと物体の位置関係を示したもので，
点 A，B は凸レンズの焦点である。物体を凸レン
ズに近づけたり，遠ざけたりすると，凸レンズの
反対側にできる実像の大きさも変化する。横軸を
物体と凸レンズの距離とし，縦軸を実像の大きさ
としたグラフはどのようになるか。次のア～カよ
り最も適切なものを選び，記号で答えなさい。た
だし，物体は図の点 A よりも遠いものとする。

[　　　　]

（京都・同志社高）

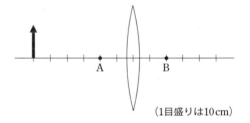

（1目盛りは10cm）

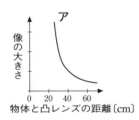
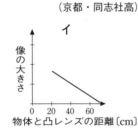
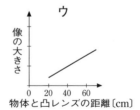
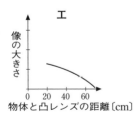
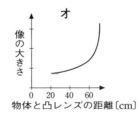
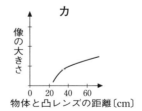

解答の方針

106 (1)他の光源の光とレーザー光で，光の進み方の違いを考える。

108 次の文を読んで，あとの問いに答えなさい。

図1は，凹面鏡（中央がなめらかにくぼんだ鏡）で太陽光を集め，聖
火を採火しているようすである。まことさんは，図1の凹面鏡で反射
した太陽光の進み方について，次のように考えた。　　　　　　（秋田県）

図1

平面鏡（平らな鏡）を2枚組み合わせたものに太陽光を当
てたときの光の進み方を断面図で示すと図2のようになる。
鏡を小さくし，数をふやしたと考えると図3のようになる。
さらに数をふやしてなめらかにしたものが図4であり，こ
れをもとに立体的に考えると凹面鏡で反射した光の進み方
がわかる。

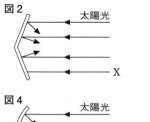

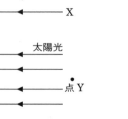

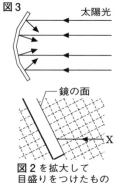

鏡の面

X

図2を拡大して
目盛りをつけたもの

(1)　図2で，太陽光Xが鏡の面で反射したときに進む道筋を右に
記入せよ。

(2)　図2のように平面鏡を2枚組み合わせて太陽光を反射させても，
凹面鏡を使ったときほど高温にならない。凹面鏡を使ったときの
ほうが，採火できるほど高温になるのはなぜか。簡単に答えよ。
[　　　　　　　　　　　　　　　　　　　]

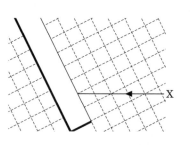

X

(3)　図4の点Yの位置から図5を凹面鏡に向けてうつし，同じ位置から見た。こ
のときの上下左右の見え方はどのようになるか，次のア〜オから1つ選び，記号
で答えよ。ただし，凹面鏡は図1のような形で，像のゆがみはないものとする。
[　　　　]

図5

ア　　　　　　イ　　　　　　ウ　　　　　　エ　　　　　　オ

109 図1のように，半径6cmの凸レンズLを用意し，A点（凸レンズの中心O点から左側80cm）の位置にろうそくP（↑で表している）を光軸に垂直に置いた。Fはレンズの焦点を表している。次の問いに答えなさい。

（福岡・久留米大附設高改）

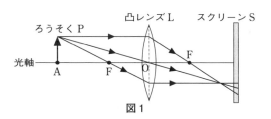

図1

(1) スクリーンSを凸レンズLに近づけていき，ろうそくの像がはっきりとできたときに，図2のように，凸レンズLの上半分を黒い紙で光軸に垂直にさえぎった。このとき，像はどのようになるか。次のア～オから1つ選び，記号で答えよ。　[　　　]

ア　像全体が消える。　　イ　像の上半分だけが消える。

ウ　像の下半分だけが消える。

エ　像全体はうつるが明るくなる。

オ　像全体はうつるが暗くなる。

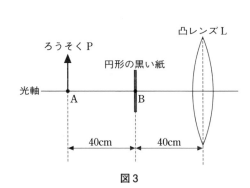

図2

(2) 黒い紙をとりのぞき，図3のように円形の黒い紙を凸レンズの中心から前方（左側）40cmのところのB点を中心に，光軸に垂直に置き，だんだんと半径の大きい紙にかえていくと，スクリーンSにできていた像が欠けはじめる。

　このとき，像は下（ろうそくPの根元）から欠けはじめるか。それとも上から欠けはじめるか。「下」または「上」で答えよ。　[　　　]

図3

110 光についての次の説明文で，空欄に適する語をア～ウから1つずつ選んで，記号で答えなさい。

（奈良・東大寺学園高）

a[　　　] b[　　　] c[　　　] d[　　　]

　図1，図2は顕微鏡および望遠鏡のしくみを表している。図中で矢印のついた実線は光の道筋を示している。ただし，凸レンズ1の焦点がF_1，凸レンズ2の焦点がF_2，凸レンズ3の焦点がF_3，凸レンズ4の焦点がF_4である。顕微鏡では凸レンズ1によって[　a　]が生じ，凸レンズ2を用いてその像の[　b　]を観察している。また，望遠鏡では凸レンズ3によって[　c　]が生じ，凸レンズ4を用いてその像の[　d　]を観察している。

ア　実像　　イ　虚像　　ウ　焦点

図1（顕微鏡）

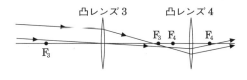

図2（望遠鏡）

解答の方針

108　(3)図5のイラストが光源で，光がどのように進むか考える。

109　(1)凸レンズLに届く光の量はどのようになるか。

2　音の性質

標準問題

解答　別冊 p.27

111　[音を伝えるもの(1)]

次の各問いに答えなさい。

(1)　身のまわりには，気体，液体，固体の状態の物質がある。次のア～エのうち，物質の状態と音の伝わり方について述べたものとして，最も適当なものをア～エから１つ選び，記号で答えよ。　[　　]

ア　音は，気体の中だけを伝わる。　**イ**　音は，気体と液体の中だけを伝わる。

ウ　音は，気体と固体の中だけを伝わる。　**エ**　音は，気体，液体，固体の中を伝わる。

(2)　次のＡ～Ｃにあてはまる語を，２字で答えよ。

Ａ[　　　]　Ｂ[　　　]　Ｃ[　　　]

おんさをハンマーでたたくと，おんさは(　Ａ　)し，そのまわりの空気は(　Ｂ　)されて濃くなったり膨張してうすくなったりする。それが波のように広がり，私たちの耳の中にある(　Ｃ　)を(　Ａ　)させ，その信号が感覚神経により大脳に伝えられて，音を感じる。

重要　112　[音を伝えるもの(2)]

図のような装置で，容器内の空気を抜いていくと，電子ブザーの音が小さくなった。次に，容器のピンチコックを開け，空気を容器内に入れると，電子ブザーの音が大きくなった。この結果からわかることを，「空気」と「音」の２つの語を使って簡潔に答えなさい。　[　　　　　　　　]

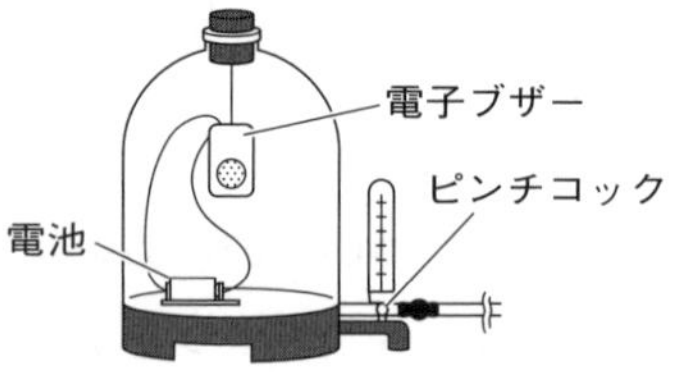

113　[音波の波形]

３台のおんさＡ，Ｂ，Ｃについて，出す音のようすを調べるために，おんさをたたいて音の振動のようすをコンピュータの画面に表示させた。図１～３はそれぞれおんさＡ，Ｂ，Ｃの音の振動のようすを表している。横軸は時間を，縦軸は音の振動の幅を表しており，目盛りの幅はどれも同じである。おんさＢまたはＣについて説明した次の文について，おんさＢ，おんさＣのうち，あてはまるものを答えなさい。

図１　おんさＡの出した音の振動のようす

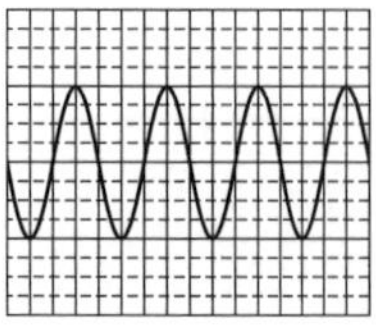

図２　おんさＢの出した音の振動のようす

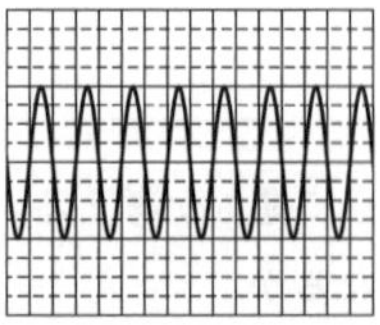

図３　おんさＣの出した音の振動のようす

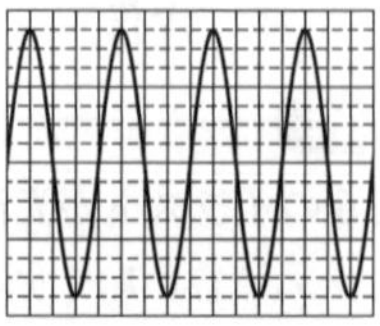

(1) おんさ A と同じ高さの音である。 [   ]

(2) おんさ A と同じ大きさの音である。 [   ]

重要 114 〉[音の伝わる速さと時間]

Y さんは，風のない夜に，花火大会で打ち上げられた花火を会場から離れた場所で，友人たちと一緒に見た。次の問いに答えなさい。

(1) 花火が開いた瞬間に光と音は同時に発生したが，Y さんたちには，花火の光が見えてから少し時間がたった後に音が聞こえた。それはなぜか答えよ。

[   ]

(2) この花火について，光が見えてからその音が聞こえるまでの時間を，Y さんたちが測定して平均を求めたところ，2.5 秒であった。花火が開いた場所から，Y さんたちが測定した場所までの距離は何 m か。このときの音速を 340m/s として，求めよ。

[   ]

115 〉[反射の音の伝わる時間]

次の問いに答えなさい。

(1) 自動車が秒速 20m の一定の速度で，地面に対して垂直に立った大きな壁に向かって走っている。壁からある距離だけ離れた地点でクラクションを鳴らしたところ，鳴らしてから 2 秒後に壁からの反射音が運転手に聞こえた。運転手がクラクションを鳴らした地点は，壁から何 m 離れていたか求めよ。ただし，音の速さを秒速 340m とする。 [   ]

(2) 電子楽器を校舎から 100m 離れた場所に置き，楽器の横に立って，一定の間隔で音を出した。音を出す間隔を調節し，直接聞こえる音と校舎で反射した 1 回前の音が同時に聞こえるようにしたところ，1 分間に 101 回の間隔で音を出したとき，同時に重なって音が聞こえた。このときの音の速さは何 m/s か。小数第 1 位を四捨五入して求めよ。 [   ]

(3) 空気中の音の速さは，気温が高いほど大きくなることが知られている。(2)の実験を気温の高い別の日にしたら，同時に重なって聞こえる間隔は，1 分間に 101 回より多くなるか，それとも少なくなるか。 [   ]

ガイド (1)壁からクラクションを鳴らした地点までの距離を x〔m〕とし，クラクションの音が進んだ距離について方程式を立てる。

(2)60 秒で 101 回の音を出しているので，音の間隔は $\dfrac{60}{101}$ 秒となる。この時間に，反射音は電子楽器から校舎までの距離を往復したと考えてよい。

重要 116 **[弦の振動]**

次の問いに答えなさい。

　図1は，モノコードを振動させたときのようすを示し，図2はそのときの音をオシロスコープで観察した波形を模式的に表したものである。ここで，波形の横軸は時間，縦軸は振幅を表している。次に，弦のはじき方，はじく弦の長さ，弦の太さをそれぞれ変えて，そのときの音をオシロスコープで観察した。下の①〜④の弦の振動のようすに対応するオシロスコープの波形の模式図を，下の左側のア〜カからそれぞれ1つ選び，記号で答えよ。

①[　　　]　②[　　　]　③[　　　]　④[　　　]

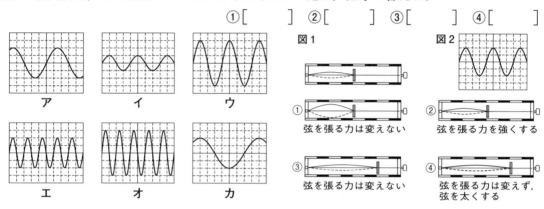

117 **[音の性質]**

音の性質について，次の問いに答えなさい。

(1)　音の大きさと高さについて調べるために，次の実験を行った。

〔実験〕

　1　図1のように，音を波形として表すことができるコンピュータとマイクロホンをつないで，おんさの音を記録する用意をした。

　2　振動数880HzのおんさXと振動数440HzのおんさYを，それぞれ弱くたたいたときと強くたたいたときに出る音を記録した。

　3　このとき記録された音の波形は，次の記録A〜Dである。ただし，横軸は時間を表し，縦軸は振幅を表しており，目盛りのとり方はどれも同じである。

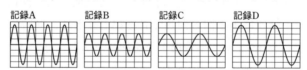

①　実験でおんさXを強くたたいたときの記録はどれか，記録A〜Dから1つ選び，記号で答えよ。　[　　　]

②　次の□□□は，実験の結果をもとに，図2を使い，音の高さと，音の波形との関係について述べた文である。ⓐ，ⓑにあてはまるものを，ア，イから1つずつ選び，記号で答えよ。

ⓐ[　　　]　ⓑ[　　　]

　音の大きさが同じ場合，音の高さは，図2のⓐ(ア　Pの幅　イ　Qの幅)に表れており，高い音ほど幅はⓑ(ア　小さくなる　イ　大きくなる)。

③ 振動数 220 Hz のおんさ Z を用意し，記録 C と同じ大きさの音になる ようにたたくと，どのような波形になると考えられるか。その波形を右 の方眼上に・からかき入れなさい。ただし，横軸は時間を表し，縦軸は 振幅を表しており，目盛りのとり方は記録 A 〜 D と同じである。

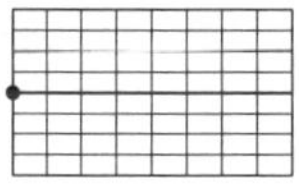

(2) 太郎さんは，音について調べるために，次の実験を行った。

〔実験 1〕 図 3 のように，容器の中に音の出ているブザーを糸でつるし，容器内の空気を抜 いていくとブザーの音が聞こえにくくなった。

〔実験 2〕

① 太郎さんは高い山に登り，ストップウォッチを持って頂上に立った。

② 太郎さんは「ヤッホー」と声を出すのと同時に，ストッ プウォッチを押して，計測を始めた。

③ 太郎さんは，やまびこが聞こえたのと同時に，ストッ プウォッチを押して，計測を終えた。

図3

音の出て いる ブザー

糸

容器内の空気を 抜いていく

① 次の文は，実験 1 でブザーの音が聞こえにくくなった理由を述べたものである。 「音」という語句を使って □ に入る適当な言葉を書きなさい。

[   ]

理由：容器内の空気を抜くことによって □ から。

② 実験 2 の ③ で太郎さんのストップウォッチは 4.20 秒になっていた。太郎さんの声を反 射させた場所から太郎さんまでの距離は何 m と考えられるか，求めなさい。ただし，音 は空気中を 1 秒間に 340 m 伝わるものとし，やまびこが聞こえてからストップウォッチ を押すまでの時間は，考えないものとする。 [   ]

---

118 ▷ [振動数の計算]

図 1 のように，モノコードの弦をはじき，マイクを通してコンピュ ータの画面に表示された音のようすを調べた。次の文を読み，問い に答えなさい。

図 2 と図 3 は，この実験における 2 種類の音のようすをそれぞれ 横軸を時間，縦軸を振動の幅としてグラフで模式的に表したもので ある。図 2 と図 3 は，ともに横軸の 1 目盛りが 0.002 秒である。また， 図 2，図 3 中の ↔ で示した範囲の波の形は弦の 1 回分の振動で生じ たものであり，図 2 では弦が 4 回振動したときのようすを表している。

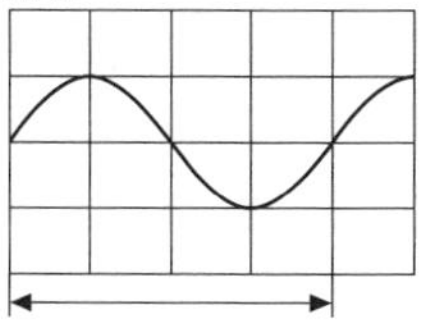

(1) 図 2 で表された音を出している弦が 160 回振動するのに必要な 時間で，図 3 で表された音を出している弦が振動する回数はいく らか。 [   ]

(2) 図 2 で表された音を出している弦の振動数は何 Hz と考えられ るか。 [   ]

図1

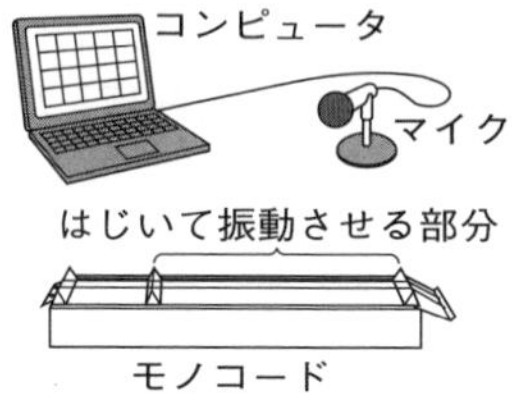

コンピュータ

マイク

はじいて振動させる部分

モノコード

図2

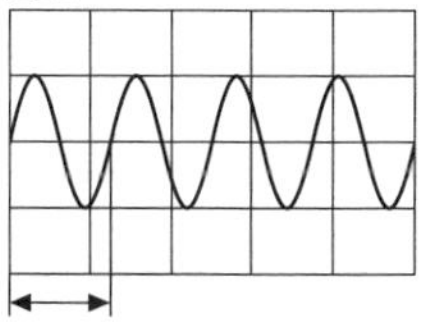

図3

ガイド (1) 図 2 の音は，0.01 秒間で 4 回振動していることがわかる。

(2) 振動数〔Hz（ヘルツ）〕は，1 秒間に音源が振動する回数である。

119 〉[振動数の変化(1)]

同じワイングラスを4個用意し，図のように水を入れた。
この4個のワイングラスの飲み口の部分を，同じ強さで軽くたたき，
音の高さを調べた。たたいたワイングラスのうち，音が最も高か
ったのはどれか。次のア〜エから1つ選び，記号で答えなさい。

[　　　　]

　ア　　　　　　　イ　　　　　　　ウ　　　　　　　エ

ガイド 水はワイングラスの振動を吸収し，振動数を減らすはたらきをする。

120 〉[振動数の変化(2)]

図1のように指で輪ゴムを少し伸ばした場合と，図2のよ
うにさらに伸ばした場合とで，輪ゴムの中央を指ではじい
たときの音の高さを比べると，図2のほうが高い音が出た。
この理由を2つ答えなさい。ただし，輪ゴムの「〜が…なる
から。」の形で簡潔に答えること。

図1　　　　　図2

[　　　　　　　　　　　　　　　　　　　　　　]
[　　　　　　　　　　　　　　　　　　　　　　]

ガイド 輪ゴムを伸ばしたとき，輪ゴムの太さはどう変わるか。

121 〉[振動数と振幅の変化(1)]

次のページの図1のような鉄琴とばちを用意し，①〜③の操作を行った。あとの問いに答え
なさい。

① 鉄琴の中央の音板をばちでたたいて音をコンピュータに取りこんだところ，図2のよう
　な波形になった。
② ①と同じ音板を弱くたたくと，図3のような波形になった。
③ 中央の音板から4つ左の音板をたたいて音を出したところ，図4のような波形になった。

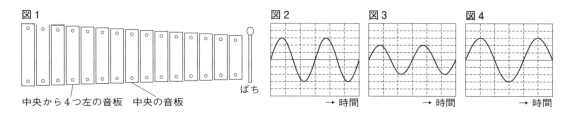

図1　中央から4つ左の音板　中央の音板　ばち

図2　→時間　　図3　→時間　　図4　→時間

中央の音板から4つ右の音板を，①のときより強くたたいた場合，音の振動のようすは図2と比べてどのようになると考えられるか。振幅と振動数という語を使って簡潔に答えなさい。

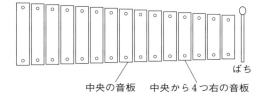

中央の音板　中央から4つ右の音板　ばち

[　　　　　　　　　　　　　　　　　]

---

122 [振動数と振幅の変化(2)]

伊香保温泉から榛名湖へ向かう道(群馬県渋川松井田線)を通ると榛名湖メロディラインに入った。榛名湖メロディラインは，道路に小さな溝が掘られており，その上を通る自動車のタイヤが振動し，音が溝の中で反響することによって「静かな湖畔」のメロディが流れるしくみになっている。次の問いに答えなさい。

(1)　このメロディラインは全長280mである。時速48kmで走行したとき，何秒間曲が流れるか。

[　　　　　　　]

(2)　全長280mのメロディラインには，溝が5320本掘られている。1mあたりに掘られている溝の数は平均して何本か。　　　　　　　　　　　[　　　　　　　　]

(3)　次の(ア)〜(ク)にあてはまる言葉を下のA〜Hから選び，記号で答えよ。ただし，同じ記号を何度使ってもよい。

ア[　　]　イ[　　]　ウ[　　]　エ[　　]　オ[　　]
カ[　　]　キ[　　]　ク[　　]

　溝の上をタイヤが通過するとき，溝と溝との間隔が狭いとき，タイヤの振動数は(ア)くなり(イ)音が鳴る。一方，溝と溝との間隔が広いとき，タイヤの振動数は(ウ)くなり(エ)音が鳴る。また，溝の幅を太くすると振幅が大きくなり，(オ)音が鳴る。溝の幅を細くすると振幅が小さくなり(カ)音が鳴る。

　メロディラインを時速48kmで走行すると，ちょうどよいメロディが鳴る。もしメロディラインを時速55kmで走行すると，時速48kmで走行したときと比べ(キ)音が鳴り，時速41kmで走行すると，時速48kmで走行したときと比べ(ク)音が鳴る。

　A　高い　　B　低い　　C　多　　D　少な　　E　大きい　　F　小さい
　G　速い　　H　遅い

ガイド　(3)時速が大きくなればそれだけ一定時間に振動する回数が増え，時速が小さくなればそれだけ一定時間に振動する回数が減る。

最高水準問題 ———————————————————————————— 解答 別冊 p.29

123 広い海の上に海面から高さ 120m の塔を立
て，その上にいる人が海面から高さ 200m
を 60m/s で水平に飛ぶ飛行機から出る音
を聞く。飛行機が一定の大きさと高さの
音を 1 秒おきにごく短い時間出しながら
飛行すると，塔の上の人はほぼ 1 秒おき
に大小の順に 2 度音を聞く。次の問いに
答えなさい。 （愛媛・愛光高）

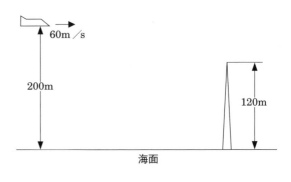

難(1) 1 秒おきに 1 度しか鳴らしていない音が，塔の上にはほぼ 1 秒おきに 2 度聞こえる現象に関係する音の性質を漢字で答えよ。 [　　　　　　　]

(2) 2 度聞こえる音の最初に聞こえる音だけに注目すると，音はだんだん大きくなって，飛行機が上空を通り過ぎるとだんだん小さくなっていく。これは音の何が変化したからか。漢字で答えよ。

[　　　　　　　]

(3) 2 度聞こえる音の最初に聞こえる音だけに注目すると，音の高さはだんだん高くなって，上空を通り過ぎると低くなる（これをドップラー効果という）。これは音の何が変化したからか。漢字で答えよ。 [　　　　　　　]

124 図のように，直線状につくられたレールが，レールに垂直にそびえ立つ崖に開けられたトンネルへとまっすぐに続いている。電車がレール上を一定の速さ 90km/h でトンネルに向かって走っている。電車の先頭がトンネルの入り口から 730m の地点に来たときから，電車の先頭部分で警笛が 3 秒鳴った。音が空気中を進む速さを 340m/s とし，風はないものとする。これについて，あとの問いに答えなさい。 （東京・開成高）

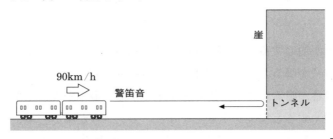

(1) この電車の速さは何 m/s か。整数で答えよ。 [　　　　　　　]

(2) 崖でまっすぐに反射してきた警笛音が電車の先頭に届くのは，警笛を鳴らしはじめたときから何秒後か。整数で答えよ。 [　　　　　　　]

難(3) 崖でまっすぐに反射してきた警笛音が電車の先頭で聞こえているのは何秒間か。割り切れない場合は小数第 3 位を四捨五入し，小数第 2 位まで求めよ。 [　　　　　　　]

難(4)　電車が発した警笛の振動数は 863 Hz であった。電車の先頭にいる人には，崖で反射してきた警笛音は何 Hz に聞こえたか。もし割り切れない場合は小数第 1 位を四捨五入し，整数で答えよ。

[　　　　　　　]

難 **125** 下の文章中の（　①　）〜（　④　）に最も適する数値を入れなさい。また，（　⑤　）に関しては適する語句を選びなさい。

(群馬・前橋育英高)

①[　　　　　] ②[　　　　　] ③[　　　　　]
④[　　　　　] ⑤[　　　　　]

　コウモリは，口から音波を発して，それによってまわりの木や枝や，虫の位置を知る。このメカニズムを見てみよう。

　コウモリが前方に向かって毎秒 85 m の速度で，静止している獲物に近づいている場合を考えよう。時刻 0 秒のとき，コウモリと獲物との距離は 680 m であるとする。また，音速は毎秒 340 m であるとする。

　時刻 0 秒に発した音が獲物に到達する時刻は（　①　）秒後であり，このときのコウモリと物体との距離は（　②　）m になっているので，反射した音をコウモリがうけ取るのは音が獲物に届いた後のさらに（　③　）秒後となる。

　しかし，コウモリは連続した音を出しているわけではなく，たとえば 1 秒間隔で音を出し，うけ取る音の間隔を聞いて獲物の位置情報を得ているのである。上記の状況で，はじめに音を出してから 1 秒後にコウモリから発せられた音は，発せられた時刻から 2.8 秒後に再びコウモリに戻ってくる。

　したがって，680 m 前方に静止した獲物があると，1 秒間隔で出した音は（　④　）秒間隔でうけ取ることになる。すなわち，このような状況では音を発信した間隔よりもうけ取る間隔は(⑤：大きくなる・小さくなる)。

　このように自分が発した音が何かにぶつかって返ってきたものを受信し，それによって獲物の位置を知ることをエコロケーションという。

解答の方針

124 (3) 3 秒間の警笛の音を 1 つの長い波として考える。

　　　 (4)振動数は 1 秒間に音が振動する回数である。音速が秒速 340 m なので，340 m 進むときに 863 回振動すると考える。このとき，電車と音は反対向きに進んでいるので，音は実際よりも速く進んでいるように感じる。このことは，動いている自動車に乗っていて反対車線を走ってくる車を見ると，速く走っているように見えるのと同じである。

125 ③コウモリと音が両端から出発して出会うと考える。

　　　 ④ ③より，0 秒のときにコウモリが発した音が再びコウモリに戻ってくるまでの時間がわかる。

3 力のはたらき

（解答）別冊 p.30

標準問題

126 [いろいろな力]

磁力について調べた実験について，次の問いに答えなさい。

〔実験〕 質量が40gで，形や大きさ，磁力が等しく，2つ
の平らな面がそれぞれN極とS極になっている円盤型の
磁石A，B，Cを用意した。図1のように，水平なガラ
スの台の上に円柱形のガラスの筒を垂直に立て，磁石A
の上に磁石Bが浮いて静止するように入れた。また，図
2のように，図1の磁石の上に，磁石Cが浮いて静止す

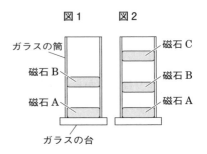

るように入れたところ，磁石Bが動き，図1に比べて，磁石Aと磁石Bの間隔が狭くなった。
図1，図2は，それらを真横から見たものである。ただし，磁石とガラスとの間に摩擦力は
はたらかないものとする。

(1) 地球の物体には，地球がその中心に向かって引っ張ろうとする力がはたらいている。この
力を何というか。 [   ]

(2) 図2で，磁石A，B，Cの極の向きについて，正しく述べているものを，次のア～エから
1つ選び，記号で答えよ。 [   ]

ア 磁石A，B，Cの極の向きはすべて同じである。

イ 磁石Aの極の向きだけが逆である。

ウ 磁石Bの極の向きだけが逆である。

エ 磁石Cの極の向きだけが逆である。

(3) 実験で，下線のようになったことから，磁石Bに新たな力が加わったことがわかる。こ
の力にふれ，磁石Bが動いた理由を説明せよ。ただし，磁石Aと磁石Cはたがいにおよぼ
しあう力はないものとする。 [   ]

重要 **127** [力の3要素]

次の(1)，(2)の文は，力について述べたものである。空欄（ ① ），（ ② ）にあてはまる語句
を答えなさい。 ①[   ] ②[   ]

(1) 力のはたらきには，「物体を変形させること」と「物体の運動を（ ① ）こと」がある。

(2) 力には3つの要素がある。それは，

ア 大きさ イ 向き ウ （ ② ）である。

128 [重力]

次のア～ウのうち，まちがっているものはどれか。記号で答えなさい。 [   ]

ア 地球上でばねばかりにつるすと6Nを示す物体を，月面上でばねばかりにつるすと1Nを
示す。

イ　教室に置いてある重さ50Nの机に徐々に力を加え，引っ張ったとき，動き始めたときの力は50Nよりも小さくなる。

ウ　宇宙ステーションの中でブーメランを飛ばすと，ブーメランは地球の重力がはたらかないので，自分のところには戻ってこない。

129 [力のはたらく向き]

次の問いに答えなさい。

(1)　次の文中の①，②に入る語の正しい組み合わせはどれか。ア～エから選び，記号で答えよ。　　　　　　　　　　　　　　　　[　　　]

図1のように，なめらかで摩擦力のはたらかない壁に棒をたてかけた。壁から棒にはたらく力は（　①　）向きで，床から棒にはたらく摩擦力は（　②　）向きである。

図1
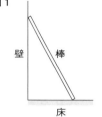

ア　①右　②右　　　イ　①右　②左
ウ　①左　②右　　　エ　①左　②左

(2)　図2のように，摩擦のない水平な机の上に，物体Bを置き，その上に物体Aを置いた。物体Aに糸をつけ，一定の力で右向きに引き続けると，物体Aは物体Bの上ですべることなく，物体Aと物体Bは一体となって運動した。このとき，物体Aと物体Bの間にはたらく力について正しいものはどれか。次のア～エから1つ選び，記号で答えよ。　　　　　　　　　　　　　　　　　　[　　　]

図2
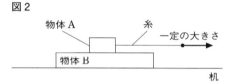

ア　物体Aには右向きの力がはたらき，物体Bにも右向きの力がはたらく。
イ　物体Aには右向きの力がはたらき，物体Bには左向きの力がはたらく。
ウ　物体Aには左向きの力がはたらき，物体Bには右向きの力がはたらく。
エ　物体Aには左向きの力がはたらき，物体Bにも左向きの力がはたらく。

> ガイド　(2)物体Aと物体Bが一体になって動いたことから，物体Aと物体Bの間には摩擦力がはたらいていることがわかる。

130 [力の表し方]

図のように，500gのペットボトルを板の上に置いたとき，このペットボトルにはたらくすべての力を矢印を用いて作図しなさい。ただし，100g＝1Nとし，図の1目盛りは1Nの大きさを表すものとする。

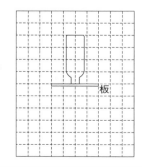

> ガイド　力を表す矢印は，作用点，力の向き，力の大きさに注意してかく。矢印の長さが力の大きさを表すので，問題に指定されている場合は，その指定にしたがって表す。

131 〉[**力とばねの伸び**(1)]

次のような実験を行った。あとの問いに答えなさい。

〔**実験1**〕 同じ長さのばねAとばねBについて，ばねに力を加えながらその伸びを測定した。下のグラフはその実験結果である。

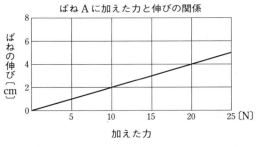

ばねAに加えた力と伸びの関係

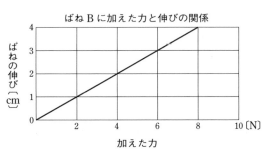

ばねBに加えた力と伸びの関係

〔**実験2**〕 ばねAとばねBを右の図のようにつなぎ，ばねBを手で引っ張った。

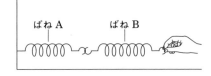

ばねA ばねB

(1) 実験1の結果から，ばねAを1cm伸ばすのに必要な力の大きさを求めよ。 [   ]

(2) 実験1の結果から，ばねBに10Nの力を加えたときのばねBの伸びを求めよ。

[   ]

(3) 実験2において，ばねBの伸びは4cmであった。ばねAの伸びを求めよ。

[   ]

ガイド (3)ばねBに加えられた力と同じ大きさの力が，ばねAにも加えられている。

132 〉[**力とばねの伸び**(2)]

次のページの図1のように，自然の長さが10cmのばねに，重さ1Nのおもりをつるしたところ，ばね全体の長さは12cmになった。次の問いに答えなさい。

(1) 図1のばねを2本用意し，図2のように並列につなげて重さ2Nのおもりをつるしたところ，ばねは伸びて2つのばねは同じ長さになった。このとき，1つのばねの長さは何cmになるか。

[   ]

(2) 図2で使用したばねを，図3のように直列につなげて，重さ2Nのおもりをつるした。このとき，ばね全体の長さは何cmになるか。

[   ]

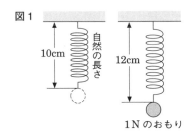

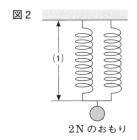

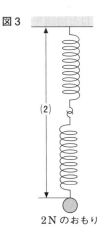

(3)　ばねを１つに戻し，**図４**のように滑車を介して，
重さ２Nのおもりを左右に１つずつつるした。
このとき，ばね全体の長さは何cmになるか。
ただし，おもりをつるした糸の重さは考えない。

[　　　　　　　　　　]

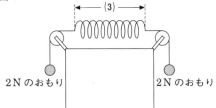

ガイド (1)１つのおもりを２本のばねで支えていて，２本とも長さが同じになっているので，それぞれのば
ねを引く力は等しい。
(3)左右のおもりは同じ重さなので，片方のおもりがばねを固定していて，もう片方のおもりがばね
を引っ張っていると考える。

---

133 **［おもりの数とばねの伸び］**

A，B２種類のばねを用意し，**図１**のようにばねに１
個20gのおもりをそれぞれいくつかつるして，おも
りの質量とばねの伸びを調べた結果，**図２**のように
なった。次の問いに答えなさい。

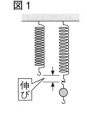

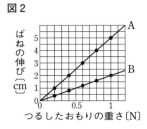

(1)　ばねAとばねBは，どちらが伸びにくいか答えよ。
また，そのように考えた理由を説明せよ。

伸びにくいばね[　　　　　　　]

理由[　　　　　　　　　　　　　　　　　　　]

(2)　ばねBの伸びが２cmであったとき，ばねBにつるしたおもりは何個か。

[　　　　　　　]

(3)　(2)と同じ個数のおもりをばねAにつるしたとき，ばねAの伸びは何cmか。

[　　　　　　　]

(4)　**図２**より，つるしたおもりの質量とばねの伸びには，どのような関係があることがわか
るか。　　　　　　　　　　　　　　　　　　　[　　　　　　　]

134 ⟩ **[ばねと滑車を使った実験]**

図のように，床の上に置いたおもりにひもをつなぎ，定滑車を通してばねにつないだ。このばねを自然の長さから徐々に下向きに引いた。ばねの伸びを横軸，床がおもりを押す力を縦軸にとったグラフをえがいたとき，適切なものは次のア〜エのうちのどれか。記号で答えなさい。

[　　　]

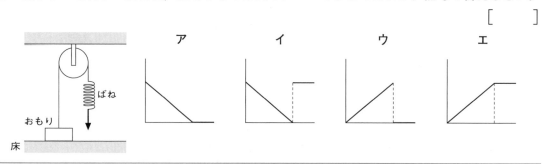

ガイド ばねで引っ張っているので，おもりが床を押す力は徐々に小さくなっていく。

135 ⟩ **[月面上でのばねの伸び]**

10gのおもりをつるすと1cm伸びるばねを使って，図1，図2のように120gのおもりをつるした。次の問いに答えなさい。

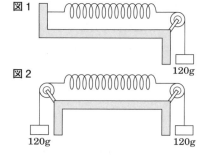

(1) 図1のとき，ばねの伸びは何cmになるか。

[　　　]

(2) 図1の装置を月の表面で観察すると，ばねの伸びは約何cmになるか。整数で答えよ。 [　　　]

(3) 図2の装置を月の表面で観察すると，ばねの伸びは約何cmになるか。整数で答えよ。

[　　　]

ガイド (2)(3)月面では物体にはたらく重力が地球の約6分の1になる。

136 ⟩ **[重力と垂直抗力]**

床に箱Aを置き，その上に小箱Bを乗せた。このときにはたらく力の大きさの説明として最も適当なものを次のア〜エから1つ選び，記号で答えなさい。 [　　　]

ア 箱Aに小箱Bを乗せる前よりも，箱Aにはたらく重力は大きい。

イ 箱Aに小箱Bを乗せる前よりも，小箱Bにはたらく重力は小さい。

ウ 箱Aが小箱Bを支える力は，小箱Bにはたらく重力よりも小さい。

エ 床が箱Aを支える力は，箱Aにはたらく重力よりも大きい。

137 [力とばねの伸び(3)]

図1のように，スタンドにつるまきばねとものさしをとりつけ，ばねの下端をものさしの0cmの位置に合わせた。次に，図2のように，ばねに分銅をつり下げ，ばねを引く力の大きさとばねの伸びの関係を調べたところ，表のような結果になった。あとの問いに答えなさい。

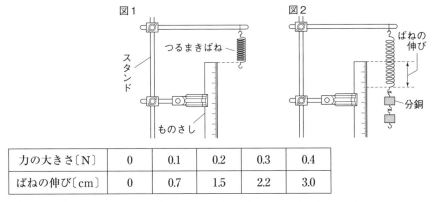

力の大きさ〔N〕	0	0.1	0.2	0.3	0.4
ばねの伸び〔cm〕	0	0.7	1.5	2.2	3.0

(1) 力の大きさとばねの伸びの関係を表すグラフを下にかけ。

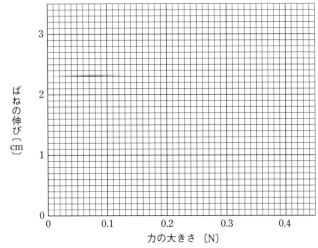

(2) 次の文中の あ ， い にあてはまる語を答えよ。　　　あ[　　　　　]
　　　　　　　　　　　　　　　　　　　　　　　　　　　　　　　　い[　　　　　]

　　ばねにおもりをつるしたとき，その伸びは，ばねにはたらく力の大きさに あ する
という関係がある。これを， い の法則という。

最高水準問題 —————————————————————————— 解答 別冊 p.32

138 三角形の板の重心について，次の（　①　），（　②　）にあてはまる数値を答えなさい。ただし，
文中の相似比とは対応する辺の長さの比である。 （北海道・函館ラ・サール高改）

①[　　　　　　] ②[　　　　　　]

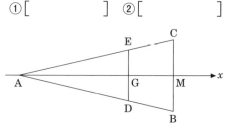

　厚さが一様で均質な高さ AM が $9a$〔cm〕で重さ $9W$〔N〕
の二等辺三角形の板 ABC について，AM を x 軸に一致さ
せて考えてみた。この二等辺三角形の重心 G は x 軸上の
AM 間にあり，AG：GM ＝ 2：1 であることがわかって
いる。したがって，図の小さな二等辺三角形 ADE（DE
と BC は互いに平行である）は大きな二等辺三角形 ABC の各辺を $\dfrac{2}{3}$ に縮小した形で，面積は $\dfrac{4}{9}$ にな
っている。このとき，小さな二等辺三角形の板にはたらく重力の大きさは（　①　）〔N〕で，残りの
台形の板にはたらく重力の大きさは（　②　）〔N〕となる。

139 輪ゴムの 1 点を切ってつくったゴムひもを利用して以下の実験を行った。あとの問いに答え
なさい。 （千葉・麗澤高改）

　ゴムひもの伸び x とゴムひもを引く力 F との間には，比例関係があり，$F =$
kx の関係が成り立つことが知られている。ここで k は比例定数である。ゴムひ
もの質量（重さ），結び目に使われたゴムの長さは無視する。100g のおもりの重
さは 1N とする。

図1

〔実験1〕　輪ゴムの 1 点を切り，1 本のゴムひもにした（以下ゴムひも A と呼ぶ）。
　ゴムひも A の長さは 10cm であった。図1のように，50g のおもりを天井から
　つり下げたところ，ゴムひも A の長さは 20cm になった。

⑴　ゴムひも A の比例定数 k は，何 N/cm か。

[　　　　　　　　　]

〔実験2〕　さらにもう 1 つ別の輪ゴムの 1 点を切り，1 本のゴムひも
　にした（以下ゴムひも B と呼ぶ）。ゴムひも B の材質や長さは，ゴ
　ムひも A と同等なものとする。図2のように，ゴムひも A とゴム
　ひも B を直列につなげて（以下，直列につなげたものをゴムひも C
　と呼ぶ），100g のおもりを天井からつり下げた。

⑵　ゴムひも C の長さは，何 cm になっているか。

[　　　　　　　　　]

⑶　ゴムひも C の比例定数 k は，何 N/cm か。

[　　　　　　　　　]

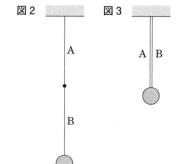

〔実験3〕　図3のように，ゴムひも A とゴムひも B を並列にして，
　100g のおもりを天井からつり下げた。

⑷　ゴムひも A の長さは，何 cm になっているか。 [　　　　　　]

〔実験4〕 図4のように，実験3のゴムひもBを天井から取り，真
下にゴムひもBを取りつけ，手で引っ張ったところ，全長(天井か
ら手まで)が44cmになった。手でつまんだゴムひもの長さ，おも
りの大きさは無視する。

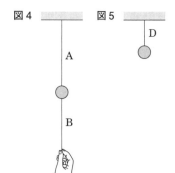

(5) ゴムひもBの長さは，何cmになっているか。

[   ]

〔実験5〕 今度はゴムひもAを切って3等分した。そのうち1本を
使い(以下ゴムひもD)，図5のように100gのおもりを天井から
つり下げた。

(6) ゴムひもDの長さは，何cmになっているか。

[   ]

(7) ゴムひもDの比例定数kは，何N/cmか。

[   ]

140 図1のように，長さ80cmの棒をばねばかりにつるすと3Nを示し，棒は水平だった。床に
置いた重さの異なるおもりア，イ，ウを棒につけた糸につるすと，図2のようにばねばかり
は14Nを示し，棒は水平だった。糸の重さは考えなくてよいものとしたとき，ア，イ，ウの
重さはそれぞれ何Nか。あとの①～⑧からそれぞれ選び，記号で答えなさい。

(東京学芸大附高)

ア[   ] イ[   ] ウ[   ]

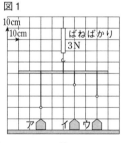
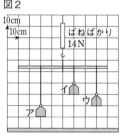

① 1   ② 2   ③ 3   ④ 4
⑤ 5   ⑥ 6   ⑦ 7   ⑧ 8

解答の方針

139 (5)ゴムひもAにはおもりの重力と手で引く力が，ゴムひもBには手で引く力がはたらいている。

141 滑車やばねを用いた実験に関して，あとの問いに答えなさい。

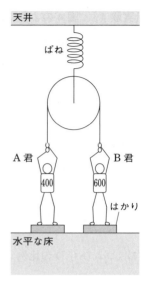

ただし，実験に用いたばね，滑車，ひもは軽いものとする。また，ばねの伸びは引っ張る力に比例するものとし，100Nの力で引っ張ると1cm伸びるものとする。　　　　　　　　　　　　（大阪教育大附高平野）

〔実験〕　図のように，天井からばねでつり下げられた滑車がある。

からだに加わる重力がそれぞれ400N，600NのA君，B君がはかりの上に乗って滑車にかけられたひもを持っており，A君がひもを下向きに200Nの力で引っ張ったところで，全体が静止している。

(1)　A君の乗っているはかりの読みは何Nか。

[　　　　　　　]

(2)　B君の乗っているはかりの読みは何Nか。

[　　　　　　　]

(3)　ばねの伸びは自然の長さから何cmか。

[　　　　　　　]

142 球，直方体の物体，ばね，台ばかり，おもりを使って，以下の操作1～4を行った。球と物体の質量は等しく，ばねの質量は無視できるほど小さいものとして，あとの問いに答えなさい。

（東京・筑波大附駒場高）

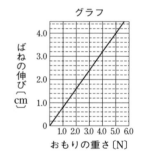

〔操作1〕　ばねにおもりをつり下げ，おもりの重さとばねの伸びの関係を調べると，右のグラフが得られた。

〔操作2〕　図1のように，ばねで球を真下につり下げると，ばねは4.0cm伸びたところで静止した。

〔操作3〕　図2のように，台ばかりの上に球をのせ，ばねが2.4cm伸びたところで静止させた。

〔操作4〕　図3のように，台ばかりにのせた物体の上面にばねとつないだ球を配置し，ばねが伸びていない状態からゆっくりと引き上げた。

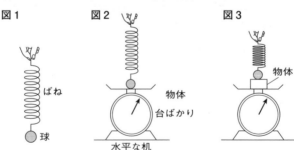

(1)　**操作3**において，次の①，②の値を求めよ。

①　球にはたらく重力の大きさ

②　球が台ばかりを押す力の大きさ

①[　　　　　　　]　②[　　　　　　　]

🗻(2)　**操作4**において，ばねの伸び（横軸：1目盛り1.0cm）と以下の①〜⑤に示される力の大きさ（縦軸：1目盛り2.0N）の関係を表したグラフをあとのア〜ソからそれぞれ選び，記号で答えよ。

①　球がばねから引かれる力

②　球が物体を押す力

③　物体が球を押す力

④　物体にはたらく重力

⑤　台ばかりが物体を押す力

①[　　　]　②[　　　]　③[　　　]　④[　　　]　⑤[　　　]

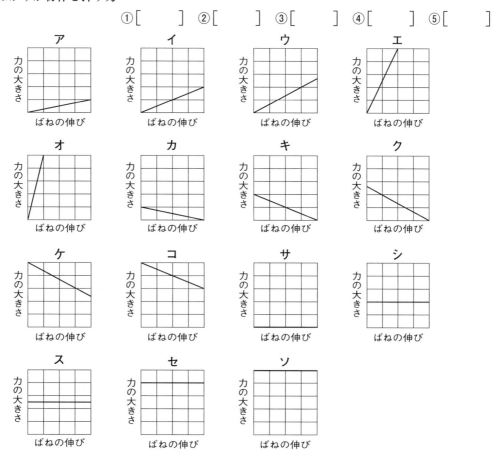

141　A君が200Nで引っ張っている一方，2人の体重の差で，B君が200Nだけ下に引っ張っている。

142　(2)物体にかかる重力の大きさは，変わらない。

143 自然の長さ20cmから1cm伸ばすのに0.3Nの大きさの力が必要な軽いばねを用いた実験を行った。質量100gの物体にはたらく重力の大きさを1Nとしてあとの問いに答えなさい。

（長崎・青雲高）

〔実験1〕　図1のようにばねの一端を鉛直な壁にとりつけ，ばねが水平な状態を保つようにばねの他端に力を加えた。

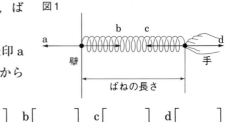

図1

(1)　この実験において，次の場合で，図1中の力を表す矢印a〜dの力の名称を正しく表しているものを，次のア〜シからそれぞれ1つ選び，記号で答えよ。

a[　　　]　b[　　　]　c[　　　]　d[　　　]

図1のばねの長さが30cmの場合

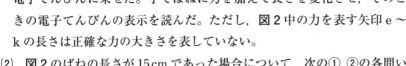

ア　ばねが壁を押す力　　イ　壁がばねを押す力　　ウ　壁がばねと手を押す力

エ　ばねが壁を引く力　　オ　壁がばねを引く力　　カ　壁がばねと手を引く力

キ　手がばねを押す力　　ク　ばねが手を押す力　　ケ　手がばねと壁を押す力

コ　手がばねを引く力　　サ　ばねが手を引く力　　シ　手がばねと壁を引く力

〔実験2〕　図2のようにばねの一端に質量200gの物体Pをとりつけ，Pを電子てんびんに乗せた。手でばねに力を加えて長さを変化させ，そのときの電子てんびんの表示を読んだ。ただし，図2中の力を表す矢印e〜kの長さは正確な力の大きさを表していない。

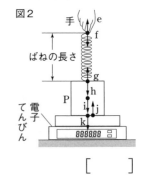

図2

(2)　図2のばねの長さが15cmであった場合について，次の①，②の各問いに答えよ。

①　Pにはたらく力を，e〜kからすべて選び，記号で答えよ。

[　　　　　]

②　e, jの力の大きさはそれぞれ何Nか。小数第1位まで答えよ。

e[　　　　　]　j[　　　　　]

(3)　図2で，ばねの長さが10cmになる位置で手を静止させた状態から，手の位置をゆっくり上方に移動させる。このときの手を上方に移動させた距離を横軸に，電子てんびんの表示を縦軸にとったグラフを右に作成せよ。ただし，グラフをかく範囲は横軸の30cmまでとする。

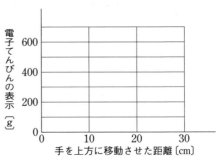

144 次の文章を読んで，あとの問いに答えなさい。
(京都・洛南高)

　自然の長さが 22 cm のばねとそれより長いゴムひもを用意し，おもりにばねとゴムひもとをつけて引っ張る実験を行った。ばねとゴムひもは，それぞれ 30 cm 伸びるまでは伸びと加わる力は比例することがわかっている。

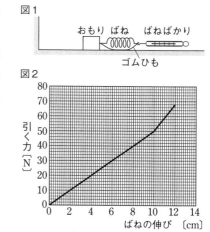

図1

　まず，図1のようにつないで，ばねばかりをゆっくり水平に引っ張ると，ばねの伸びが 12 cm になったときおもりが動き始めた。図2は，そのときのばねの伸びと引く力の関係を示したものである。おもりと台の間にはたらく摩擦力の最大値は 68 N で，ばねとゴムひもが引く力の合計がこれをこえるとおもりが動き出すと考えられる。

(1)　ゴムひもの自然の長さは何 cm か。四捨五入して，整数で答えよ。

[　　　　　]

(2)　ゴムひもを単独で自然の長さから 1 cm 伸ばすのに必要な力は何 N か。四捨五入して，整数で答えよ。

[　　　　　]

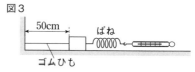

図3

　次に，ばねとゴムひものつなぎ方を変えて，ばねばかりをある力で引くと，図3のように，おもりは壁から 50 cm のところに静止した。

(3)　図3の状態からばねばかりを右に動かすと，おもりが動き出した。このときばねは何 cm 伸びていたか。四捨五入して，整数で答えよ。

[　　　　　]

(4)　図3の状態からばねばかりを左に動かすと，おもりが動き出した。このときばねは何 cm 伸びていたか。四捨五入して，小数第 1 位まで答えよ。

[　　　　　]

145 ばねばかりを作成して，いくつかの実験を行った。ばねや糸の質量は非常に小さく，無視できるものとして，次の問いに答えなさい。ただし，100 g の物体にはたらく重力の大きさを 1 N とする。
(東京・開成高)

　ばねは力がはたらくことでその長さを変える。ばねにはたらく力の大きさを，ばねの伸びで割ったものをばね定数と呼ぶ。おもりをつけていないときのばねの長さ（自然長または自然の長さ）が 3.00 cm のばねを用意した。このばねの一端に質量 90.0 g のおもりをつけ，他端を天井につけて右の図のようにしたところ，ばねの長さは 10.20 cm となった。このばねのばね定数は何 N/cm か。小数第 3 位まで答えよ。

[　　　　　]

1 次の文章を読み，あとの問いに答えなさい。

（千葉・東邦大附東邦高）

((1) 3 点，(2)〜(4)各 4 点，計 19 点)

　重さがどれも同じ 1N の密度の均一な物体 A，B，C が図 1 のような状態で静止している。物体 A は摩擦のある机の上にあり，軽いばね a につながれている。ばね a は滑らかに動く滑車を通して物体 B と軽い糸でつながれている。また，物体 B と C は軽いばね b によってつながれている。

　1N の力でばね a は 1.0cm 伸び，ばね b は 0.5cm 伸びる。また，ばねと糸の重さは無視できる。

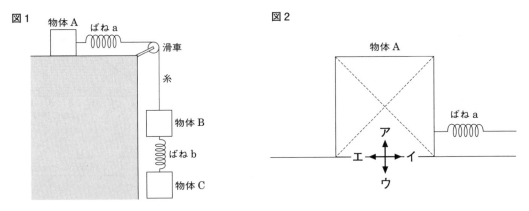

(1) 図 1 の物体 A にはたらく摩擦力を表しているのは図 2 のどの矢印か。最も適しているものをア〜エから 1 つ選び，記号で答えよ。

(2) 図 1 のばね a とばね b の伸びの合計は何 cm か。

(3) 図 1 のばね a が糸を引く力は何 N か。

(4) 次に図 3 のように物体 C を板にのせ，垂直上向きに 0.6N の力で支えた。

　① 物体 C がばね b を引く力は何 N か。

　② ばね a とばね b の伸びの合計は何 cm か。

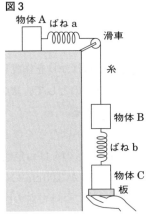

図3

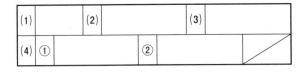

(1)		(2)		(3)	
(4) ①			②		

2 音は速さ 340 m であらゆる方向に伝わり，そのことは音源の動きに影響されないものとしてあとの問いに答えなさい。

（兵庫・灘高）（各 6 点，計 12 点）

510 m の高さを速さ 212.5 m/s で東から西へ飛んでいる飛行機が，短い音の信号を 1 秒間隔で繰り返し出している。その信号が，飛行機の下側にある点 O で静止している観測者に，届く時間の間隔を考える。必要であれば，辺の比が 5：12：13 の直角三角形を用いてもよい。

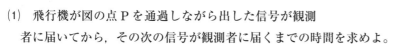

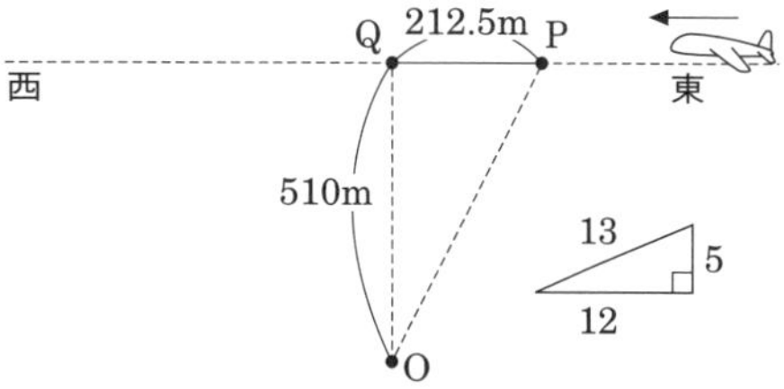

(1) 飛行機が図の点 P を通過しながら出した信号が観測者に届いてから，その次の信号が観測者に届くまでの時間を求めよ。

(2) 飛行機が図の点 Q を通過しながら出した信号が観測者に届いてから，その次の信号が観測者に届くまでの時間を求めよ。

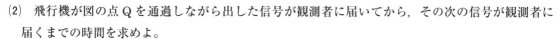

(1)		(2)	

3 図 1 のように 3 時を示している時計がある。
次の(1)〜(4)のようにして時計を見たとき，どのように見えるか。あとのア〜エから選び，記号で答えなさい。ただし，同じ記号を何度選んでもよい。

（愛媛・愛光高）

（各 6 点，計 24 点）

図 1

(1) 図 2 のように，平面鏡を立てて，その正面に時計を置いたときにうつっている時計。

(2) 図 3 のように，2 枚の平面鏡を直角にくっつけて立てて，その正面に時計を置いたときの，くっつけている場所にうつっている時計。

(3) 図 4 のように，丸底フラスコの上までいっぱいに水を入れて，遠くにある時計を a の円筒形の部分を通して見る。

(4) (3)と同じフラスコで，遠くにある時計を b の球形の部分を通して見る。

図 2

ここに見える
平面鏡
時計の後ろ側

図 3

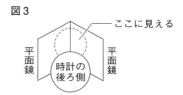

ここに見える
平面鏡　平面鏡
時計の後ろ側

ア　　　イ　　　ウ　　　エ

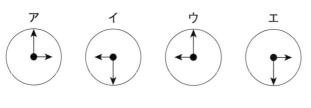

図 4

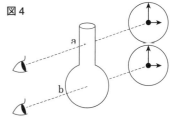

a
b

(1)		(2)		(3)		(4)	

4 ばねを用いた次の実験を行った。あとの問いに答えなさい。ただし，100gの物体にはたらく重力の大きさを1Nとする。

(岐阜県)(各5点，計15点)

〔実験〕

図1のように，おもりをつるさないときのばねのはしの位置を，ものさしに印をつけた後，図2のようにばねにおもりを1個つるし，ばねの伸びる長さを測定した。次に，おもりの数を1個ずつ増やして，ばねの伸びる長さを測定した。おもりはすべて形と大きさが同じで，1個の質量は20gである。

表は実験の結果をまとめたものである。

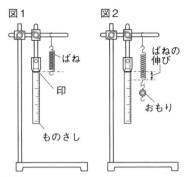

	おもりの個数	0	1	2	3	4	5
実験	ばねの伸び〔cm〕	0	1.0	2.0	3.0	4.0	5.0

(1) 実験で，1個のおもりがばねを引く力の大きさは何Nか。

(2) 実験の結果をもとに，おもりがばねを引く力の大きさと，ばねの伸びの関係を表すグラフを右の図にかき入れよ。なお，グラフの縦軸には適切な数値を書け。

(3) ばねに加わる力の大きさとばねの伸びの関係を表す法則を何というか。ことばで書け。

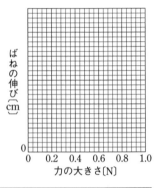

(1)		(2)	（図に記入）	(3)	

5 次の実験について，あとの問いに答えなさい。

(東京・筑波大附高國)

(各5点，計20点)

〔実験1〕 図1のように，台の上に郵便切手をのせ，照明を当てる。台の上方には凸レンズAと半透明のスクリーンを置き，スクリーンに郵便切手の像がはっきりとうつるように位置を調整する。

〔実験2〕 図1の装置にさらに凸レンズBを加え，図2のようにしてスクリーンにうつるものの虚像を見る。

(1) 実験1のあと，郵便切手をのせた台を少し下に動かしたところ，スクリーンにうつる像がぼやけた。

このあと，台と凸レンズＡの位置を変えないで，再び像をはっきりとうつすためには，スクリーンをどちら向きに動かして調整すればよいか。また，そのときにうつる像の大きさは**実験 1** のときと比べてどのようになるか。

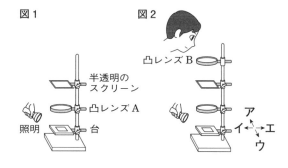

図 1　　　　　図 2

凸レンズ B

半透明の
スクリーン

凸レンズ A

照明　　台

ア
イ　エ
ウ

(2)　**実験 2** で，台の上の郵便切手を図 2 のアの方向に動かすと，虚像はどの向きに動くように見えるか。図 2 のア～エから 1 つ選び，記号で答えよ。

(3)　凸レンズ B とスクリーンとの距離を X，凸レンズ B の焦点距離を Y とすると，**実験 2** について正しく述べているものはどれか。次のア～エから 1 つ選び，記号で答えよ。

ア　虚像を見るためには，$X > Y$ である必要がある。

イ　最も鮮明な虚像が見えるのは，$X = Y$ のときである。

ウ　$X < Y$ で，X が小さいときほど虚像は小さく，X が大きいときほど虚像は大きく見える。

エ　$X < Y$ で，X が小さいときほど虚像は大きく，X が大きいときほど虚像は小さく見える。

(1)	向き		大きさ			(2)		(3)	

6　次の文を読み，あとの問いに答えなさい。

100 m 走のとき，スタートの合図としてピストル音を用いた場合，スタート地点でピストルを鳴らすのは，選手が音を聞いてからスタートするためである。また，計測係はゴールの瞬間がよく見えるようにゴール地点で計測を行う。スタート時のストップウォッチを押す場合，計測係はスタート係のピストル音ではなく，煙を見て押すことになっている。

校内で実施した 100 m 走の記録会で山本君の記録は 11.2 秒であった。ところが，ストップウォッチを押す人 (計測係) がピストルの音を聞いて押したために記録が正確に測定されていないことに気づいた。スタート係から計測係までの直線距離は 102 m である。ただし計測係のからだの反応時間は考えないものとし，音速を 340 m/s とする。

(栃木・佐野日本大高🅰)

(各 5 点，計 10 点)

(1)　山本君の正確な記録は何秒か。

(2)　スタート係がいない場合，計測係がゴール地点でスタートのピストルを鳴らしながら，ストップウォッチを押すことになる。そのときの山本君の記録は 12.1 秒であった。選手がピストルの音に反応してスタートし，計測係がうまくストップウォッチを押せたとして，正確な記録は何秒か。ただし，山本君から計測係までの直線距離は 102 m とする。

(1)		(2)	

1 火山

（解答）別冊 p.36

標 準 問 題

146 [火山灰の観察]

右のⅠ～Ⅴは，火山灰から鉱物を取り出したときの操作を示したものである。□□□□□□にあてはまる語句を答えなさい。

[　　　　　　　　　　　]

> Ⅰ．火山灰を少量，蒸発皿に入れる。
> Ⅱ．蒸発皿に水を少し加え，火山灰を親指の腹でよくこする。
> Ⅲ．蒸発皿の水を捨てる。
> Ⅳ．Ⅱ，Ⅲの操作を□□□□□□まで繰り返す。
> Ⅴ．蒸発皿に残った鉱物を乾燥させる。

147 [火山の噴出物]

右の文章を読み，次の問いに答えなさい。

(1) 文中の下線部火山ガスのおもな成分として適当なものを，次のア～オの中から2つ選び，記号で答えよ。

[　　　　　　　　　　]

> 火山が噴火すると，火口から火山ガスといっしょに火山灰や軽石などがふき出たり，溶岩が流れ出たりする。このように，噴火によって地下からふき出された物質をまとめて（　　　）という。

ア　酸素　　イ　窒素　　ウ　二酸化炭素　　エ　水素　　オ　水蒸気

(2) 文中の（　　）に適する語句を答えよ。　　　　　[　　　　　　　　　]

(3) 軽石には，写真に見られるような小さな穴がたくさんある。このような穴ができたのはなぜか。その理由を答えよ。

[　　　　　　　　　　　　　　　　]

> ガイド　(1) 火山ガスにはほかにも，二酸化硫黄などが含まれている。

148 [火成岩]

理科の授業で岩石採集に出かけ，採集したいろいろな岩石のプレパラートをつくって観察した。図1のA，Bはそのときのスケッチである。あとの問いに答えなさい。

図1　　A

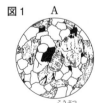

大きな粒(鉱物)が組み合わさっている。

B

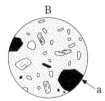

aのような大きな粒(鉱物)とまわりの一様に見える部分からできている。

(1) 図1のBについて，次の文中の□ア□，□イ□にあてはまる語を答えよ。

ア[　　　　　　　　]　イ[　　　　　　　　]

Bのような岩石のつくりを ［　ア　］ 組織といい, その中に含まれるaのような大きな粒(鉱物)を ［　イ　］ という。

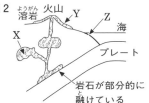

図2

(2)　図1のA, Bの岩石がつくられる場所として最も適当なものを図2のX, Y, Zの中からそれぞれ1つずつ選び, 記号で答えよ。　　A[　　　] B[　　　]

---

149 ［火山のでき方に関する実験］

次の文を読み, あとの問いに答えなさい。

図1

(文化庁の資料による)

図2

(気象庁の資料による)

　図1と図2は, 明雄さんがインターネットで見つけた日本のある火山である。2つの火山のちがいに気づいた明雄さんは, ₐある予想をたて, 図3の装置を使って火山の形にちがいが生じる理由について調べた。図4は, 市販のデンプンのりをそのまま押し出してできたもので, 図1の火山の形に似ていた。次に, 図5は, ₈デンプンのりにある操作を行ったのち, 押し出してできたもので, 図2の火山の形と似ており, 予想が確かめられた。

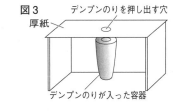

図3　　デンプンのりを押し出す穴

厚紙

デンプンのりが入った容器

　下線部Aについて, どんな予想を立てたと考えられるか答えなさい。また,

下線部Bについて, どのような操作を行い, デンプンのりをどのような状態にしたか, 答えよ。

図4

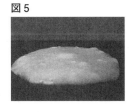

図5

予想[　　　　　　　　　　　　　　　]

操作と状態[　　　　　　　　　　　　　　　]

---

150 ［火成岩の分類］

右の表は, 火山岩と深成岩の種類と含有鉱物の割合の関係を示したものである。次の問いに答えなさい。

(1)　表中のエ～クの鉱物のなかで, 有色鉱物に分類されるものは何種類あるか。

　　　　　　[　　　　　　　]

(2)　斑れい岩をルーペで調べたところ, 大きい粒の結晶のみが観察された。このような組織を何というか。　　[　　　　　　　]

火山岩	流紋岩	ア	イ
深成岩	ウ	せん緑岩	斑れい岩
含有鉱物の割合	石英　　エ		
	オ　　カ　　キ　　ク		

(3)　ア～ウに適する岩石名を書け。　ア[　　　] イ[　　　] ウ[　　　]

(4)　エ, オ, クに適する鉱物名を書け。エ[　　　] オ[　　　] ク[　　　]

151 〉[火山と災害]

雲仙普賢岳で 1990 年 11 月に大きな噴火が起こった。その噴火から約 5 年間の火山活動と噴火による災害のようすを調べた。あとの問いに答えなさい。

□1 図1は，1984 年の地形図をもとに，1990 年から 5 年間に雲仙普賢岳で起こった噴火による災害を重ね合わせて作成したものであり，A ，B で示されたそれぞれの地域は，火砕流，土石流の被害をうけた地域のいずれかを表している。図2は，雲仙普賢岳を島原湾上空から撮影した写真である。

図1

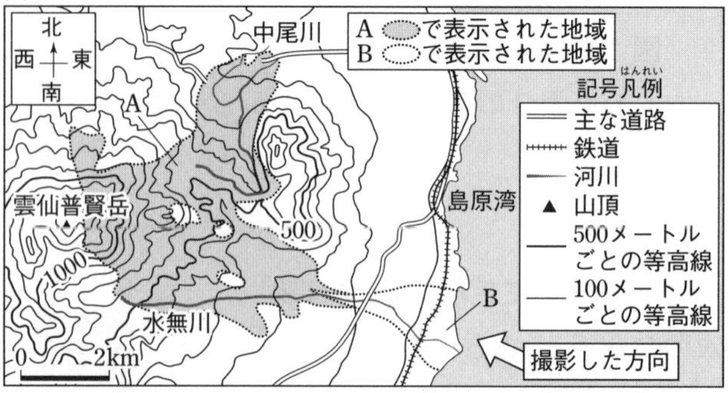

図1内の凡例：
A ◌◌◌ で表示された地域
B ◌◌◌ で表示された地域

記号凡例
━━━ 主な道路
┼┼┼┼ 鉄道
━━ 河川
▲ 山頂
━━ 500メートルごとの等高線
━━ 100メートルごとの等高線

← 撮影した方向

中尾川　島原湾　雲仙普賢岳　水無川　500　1000　0　2km　北東西南

図2

□2 図3の写真のように，火砕流や土石流は 5 年間に何回も起きていることもわかった。

図3　規模の大きな火砕流のようす　土石流のようす

図2〜図4はいずれも国土交通省雲仙復興事務所ホームページ

(1) 次の文は，□1で，土石流の被害をうけた地域について太郎さんがまとめたものである。正しい文になるように，（ a ），（ b ）にあてはまる記号と語句の組み合わせを，あとのア〜エから 1 つ選び，記号で答えよ。

[　　　]

> 図3で土石流の被害をうけた地域は，（ a ）で示された地域である。そう判断したのは，土石流は，（ b ）発生するからである。

	a	b
ア	A ◌◌◌	高温の岩石，火山灰などが，一体となって高速で斜面をかけ下りて
イ	A ◌◌◌	降り積もった火山灰などが，雨によって川の下流に押し流されて
ウ	B ◌◌◌	高温の岩石，火山灰などが，一体となって高速で斜面をかけ下りて
エ	B ◌◌◌	降り積もった火山灰などが，雨によって川の下流に押し流されて

(2) 図4は，雲仙普賢岳の山頂部のようすとその断面の形を模式的に示したものであり，図5の火山灰 C，火山灰 D は，雲仙普賢岳，伊豆大島火山の火山灰のいずれかである。雲仙普賢岳のマグマのねばりけと火山灰の組み合わせとして最も適当なものを次のア〜エから 1 つ選び，記号で答えよ。

[　　　]

図4
山頂部のようす

断面の模式図

	マグマのねばりけ	火山灰
ア	強い	火山灰 C
イ	強い	火山灰 D
ウ	弱い	火山灰 C
エ	弱い	火山灰 D

図5

火山灰	火山灰C	火山灰D
火山灰のようすと双眼実体顕微鏡で観察した粒のようす		
主な鉱物	長石，角セン石，カンラン石	石英，長石，角セン石

ガイド (1) b の選択肢の文は，一方が火砕流，もう一方が土石流の説明である。
(2) ねばりけの強いマグマは無色鉱物の石英などを含み，火山灰や岩石が白っぽくなる。

152 [溶岩の性質と火山の形状]

次の問いに答えなさい。

(1) 下の表1は，3つの火山について，火山の形，火山噴出物の色，マグマのねばりけの関係を，まとめようとしたものである。表1中の(a)〜(d)にあてはまる言葉の組み合わせとして最も適当なものを，表2中のア〜エから選び，記号で答えよ。 [　　　]

表1

火山名	うんぜんふげんだけ 雲仙普賢岳	さくらじま 桜島	マウナロア
火山の形〔模式的に表した図と，その特徴〕	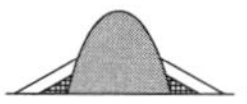 盛り上がったドーム状	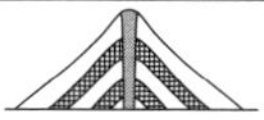 円すい形	 傾斜がゆるやかな形
火山噴出物の色	(a) ←		→ (b)
マグマのねばりけ	(c) ←		→ (d)

表2

	(a)	(b)	(c)	(d)
ア	黒っぽい	白っぽい	弱い	強い
イ	黒っぽい	白っぽい	強い	弱い
ウ	白っぽい	黒っぽい	弱い	強い
エ	白っぽい	黒っぽい	強い	弱い

(2) 下図は，ある火山Pと火山Qから噴出したそれぞれの火山灰を示したものである。火山Pは，火山Qに比べて，マグマのねばりけと形がどうであったと考えられるか。あとのア〜エから1つ選び，記号で答えよ。 [　　　]

火山Pの火山灰

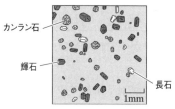

カンラン石
輝石
長石
1mm

火山Qの火山灰

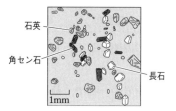

石英
角セン石
長石
1mm

ア　ねばりけが強く，盛り上がった形である。

イ　ねばりけが弱く，盛り上がった形である。

ウ　ねばりけが強く，傾斜がゆるやかな形である。

エ　ねばりけが弱く，傾斜がゆるやかな形である。

最高水準問題 ──────────────────────────── 解答 別冊 p.37

153 次の文章を読み，あとの問いに答えなさい。 （千葉・東邦大附東邦高）

　ミョウバンを 60℃ のお湯に飽和するまで溶かし，その水溶液を A と B の 2 つの容器に分けた。A は 60℃ のお湯に入れ，ゆっくりと温度を下げていった。もう一方の B は氷水に入れ，急速に温度を下げた。どちらの容器も温度が下がることによって水溶液中にミョウバンの結晶ができたが，一方の容器には細かな結晶が，もう一方の容器には大きな結晶ができていた。

(1) 安山岩と花こう岩のつくりは A，B のどちらの容器内のミョウバンと似ているか。正しい組み合わせを右のア〜エから 1 つ選び，記号で答えよ。　　　　　　[　　　]

	安山岩	花こう岩
ア	A	A
イ	A	B
ウ	B	A
エ	B	B

(2) 花こう岩には石基がなく，大きな鉱物の結晶のみからできている。花こう岩のでき方とそれに似ているミョウバンの結晶のでき方の共通点を 20 字以内で答えよ。

[　　　　　　　　　　　　　　　　　　　　　]

154 右の図 1，図 2 は花こう岩と安山岩をルーペで観察し，スケッチしたものである。図 2 の(a)，(b)は，それぞれ，比較的大きな結晶の部分と非常に小さい結晶の粒が集まった部分をさす。これらについて，次の問いに答えなさい。

図1 花こう岩　図2 安山岩

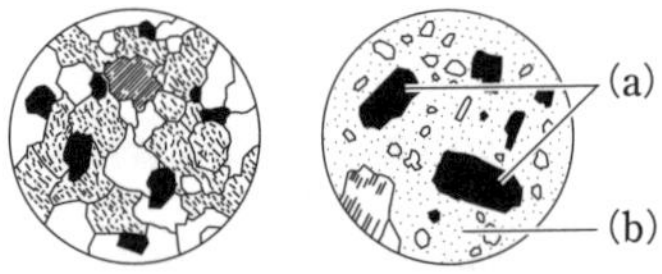

（神奈川・法政大第二高）

(1) 図 1 の花こう岩には 1 種類の有色鉱物と 2 種類の無色鉱物が含まれていた。この組み合わせとして正しいものを，次のア〜コから 1 つ選び，記号で答えよ。　　　　　[　　　]

	有色	無色	
ア	カンラン石	石英	長石
イ	カンラン石	長石	輝石
ウ	輝石	カンラン石	石英
エ	輝石	黒雲母	カンラン石
オ	角セン石	黒雲母	輝石

	有色	無色	
カ	角セン石	石英	輝石
キ	黒雲母	石英	長石
ク	黒雲母	輝石	長石
ケ	長石	輝石	石英
コ	長石	黒雲母	石英

(2) 図 2 の安山岩の説明として正しいものを次のア〜クからすべて選び，記号で答えよ。

[　　　　　　　　　　　　]

ア　安山岩は火山岩の一種で，地下にある高温の物質が地下深部でゆっくり冷え固まってできた岩石である。

イ　安山岩は火成岩の一種で，地下にある高温の物質が地表近くで急に冷え固まってできた岩石である。

ウ　安山岩は深成岩の一種で，地下にある高温の物質が地表近くで急に冷え固まってできた岩石である。

エ　安山岩は火成岩の一種で，地下にある高温の物質が地下深部でゆっくり冷え固まってできた岩石である。

オ　図2の安山岩の(a)のような比較的大きな結晶をつくる鉱物として，輝石，長石，角セン石の3種類を同時に含むことがある。

カ　図2の安山岩の(a)のような比較的大きな結晶をつくる鉱物として，カンラン石，石英，長石の3種類を同時に含むことがある。

キ　図2の安山岩の(a)のような比較的大きな結晶は，地下にある高温の物質が地下深部にあるときからすでに結晶として成長していた部分である。

ク　図2の安山岩の(a)のような比較的大きな結晶は，溶岩として噴出したときにすばやく成長してできた結晶である。

(3)　図2の安山岩に見られるような岩石のつくり(組織)をもち，比較的大きな結晶が図1の花こう岩と同じ鉱物でできている岩石の名称を答えよ。　　　　　　　　　　[　　　　　　　]

(4)　(3)の岩石の説明として正しいものを次のア〜クから1つ選び，記号で答えよ。　　　　[　　　　　　　]

ア　全体として黒っぽい岩石で，爆発的な噴火を起こす，楯状火山の溶岩である。

イ　全体として黒っぽい岩石で，おだやかに溶岩を流し出す，楯状火山の溶岩である。

ウ　全体として黒っぽい岩石で，爆発的な噴火を起こす，鐘状火山の溶岩である。

エ　全体として黒っぽい岩石で，おだやかに溶岩を流し出す，鐘状火山の溶岩である。

オ　全体として白っぽい岩石で，爆発的な噴火を起こす，楯状火山の溶岩である。

カ　全体として白っぽい岩石で，おだやかに溶岩を流し出す，楯状火山の溶岩である。

キ　全体として白っぽい岩石で，爆発的な噴火を起こす，鐘状火山の溶岩である。

ク　全体として白っぽい岩石で，おだやかに溶岩を流し出す，鐘状火山の溶岩である。

難 **155** 桜島について，次の問いに答えなさい。　　　　　　　　　　(東京・筑波大附駒場高)

(1)　桜島の噴火のようすと溶岩の性質・火山地形について正しいのはどれか。　　　[　　　　　　　]

ア　おだやかな噴火とともにねばりけの小さな溶岩を噴出し，楯状火山を形成している。

イ　おだやかな噴火とともにねばりけの大きな溶岩を噴出し，溶岩ドームを形成している。

ウ　激しい爆発的な噴火をくり返し，ねばりけの小さな溶岩や火山灰が層状に重なる楯状火山を形成している。

エ　激しい爆発的な噴火をくり返し，ねばりけの大きな溶岩や火山灰が層状に重なる成層火山を形成している。

(2)　桜島は今から27000年くらい前に大噴火した姶良火山の大きなくぼみの中にできたものである。この姶良火山と同様の大きなくぼみをもつ火山はどれか。

[　　　　　　　]

ア　富士山　　イ　昭和新山　　ウ　阿蘇山　　エ　三原山

解答の方針

153 (2)ゆっくり冷えるほうが大きな結晶ができる。

156 火山の噴火はマグマが地上に噴出する現象であるが，噴火のようすや噴出物である火山灰など
を調べることにより，マグマについていろいろ知ることができる。火山に関する次の問いに答
えなさい。

(東京・開成高改)

(1) 右の図はある火山の噴火のようすを示したものである。図
のaの部分では赤く見えるマグマが噴出しており，bの部分
では赤く見えるマグマが流れている。このマグマの説明とし
て正しいものを次のア〜エから1つ選び，記号で答えよ。

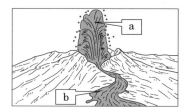

　　　　　　　　　　　　　　　　　　　　　[　　　　]

　ア　ねばりけの強い玄武岩質のマグマ

　イ　ねばりけの強い流紋岩質のマグマ

　ウ　ねばりけの弱い玄武岩質のマグマ

　エ　ねばりけの弱い流紋岩質のマグマ

(2) 火山灰中の鉱物に関する文として正しいものを次のア〜エから1つ選び，記号で答えよ。

　　　　　　　　　　　　　　　　　　　　　　　　　　　　　[　　　　]

　ア　火山灰中の鉱物は丸くなっているものが多い。

　イ　同じ火山灰層で比べると火山から離れるほど鉱物粒子は大きい。

　ウ　含まれている鉱物の種類はマグマの性質とは関係ない。

　エ　火山灰中の鉱物には爆発前にできたものもある。

(3) 右の表は，ある火山の火山灰に比較的多く含まれていた2種類
の鉱物を観察した記録である。a，b2種類の鉱物名の組み合わせ
として適当なものを次のア〜カから1つ選び，記号で答えよ。

a	透明でコロコロしていた
b	黒っぽくて薄くはがれた

　　　　　　　　　　　　　　　　　　[　　　　]

　ア　石英，黒雲母　　　イ　石英，角セン石

　ウ　石英，輝石　　　　エ　長石，黒雲母

　オ　長石，角セン石　　カ　長石，輝石

(4) (3)の火山灰の元になったマグマが地表に流出してできた岩石の名称を答えよ。

　　　　　　　　　　　　　　　　　　　　　　　　　[　　　　　　　　]

(5) 火山灰を観察するための準備で，火山灰を蒸発皿に入れて水を加え，指の腹でかたまりを崩して
いくという手順がある。このとき，時間を短縮するために鉄製の乳鉢ですりつぶしてはいけないの
はなぜか。その理由を15字以内で答えよ。

　　　　　　　　　　　　　　　　　　　[　　　　　　　　　　　]

難 157 図の●や○は日本のおもな火山であり，2種類の破線は，東日本火山帯および西日本火山帯の
海溝・トラフ側の限界線（フロント）を示している。この図から，火山の位置についてどのよう
なことが考えられるか，50字以内で述べなさい。なお，海溝・トラフは2つのプレートの境
界とみなすことができるものとする。

(大阪教育大附高池田)

　[　　　　　　　　　　　　　　　　　　　　　　　　　]

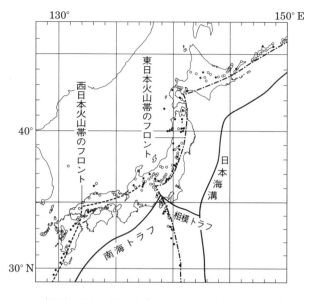

（杉村，中村，井田編「図説地球科学」1998　p.213）

158　図は，1707 年に富士山が噴火したとき，火山灰などが積もった範囲と厚さを表したものである。次の問いに答えなさい。

（福島県改）

(1)　図の火山灰を運んだ風の風向きを4方位で答えよ。　[　　　　　]

(2)　図のAとBは，富士山から東北東へそれぞれ 15 km と 90 km 離れた地点の位置を表している。線分 AB 上における富士山からの距離と火山灰などが積もった厚さとの関係をグラフにしたものはどれか。次のア〜エから1つ選び，記号で答えよ。　[　　　　]

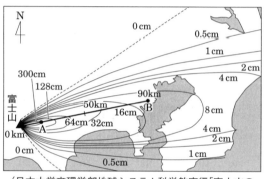

（日本大学文理学部地球システム科学教室編「富士山の謎をさぐる」により作成）

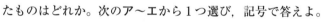

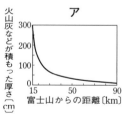 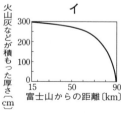 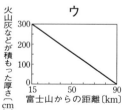 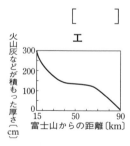

解答の方針

156　(5)鉄製の乳鉢を使うことで火山灰にどのようなことが起こると考えられるか予想する。

158　(2)火山灰などの厚さの変化に注目する。火山灰の図の曲線を等高線，グラフを山の斜面と考えればよい。

2 地震

（解答） 別冊 p.39

標 準 問 題

◆重要 159 〉[地震計の記録(1)]

地下のごく浅い場所で発生した地震を，ある地域で観測した。下の図は，この地震のゆれを地点A～Eで観測したときの，地震計の記録の一部を模式的に表したものであり，表は，この地震による各地点でのゆれ始めの時刻と震度をまとめたものである。次の問いに答えなさい。

ただし，この地震の震央(震源)，地点A～Eは同じ水平面上にあり，発生する波は一定の速さで伝わるものとする。また，図の横軸は時間[秒]を表している。

地点A

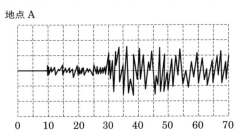

地点B

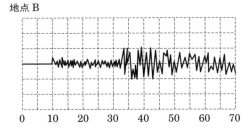

地点C

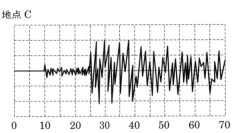

地点D

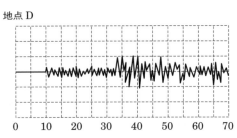

地点E

地点	ゆれ始めの時刻	震度
A	6時18分50秒	3
B	6時18分56秒	2
C	6時18分40秒	3
D	6時18分56秒	2
E	6時19分06秒	1

(1) 図から，それぞれの観測地点で，小さなゆれが続き，そのあとに大きなゆれが起こっていることがわかる。はじめの小さなゆれとそのあとの大きなゆれをそれぞれ何というか。

　　　　　　　　小さなゆれ[　　　　　　　] 大きなゆれ[　　　　　　　]

(2) (1)で答えたゆれの元になっている波をそれぞれ答えよ。

　　　　　　　　小さなゆれ[　　　　　　　] 大きなゆれ[　　　　　　　]

(3) 地点Aと地点Eの間の距離は何kmか。ただし，この地震の震央，地点A，地点Eは一直線に並んでおり，地点Aと地点Eは震央から見て同じ方位にあるものとする。また，小さなゆれを起こす波が地表を伝わる速さは6km/sであるとする。　　　　　　　　[　　　　　　　]

(4) この地域を真上から見たとき，震央(震源)および地点A，B，C，D，Eの位置はどのようになっているか。それぞれの位置を模式的に表したものとして最も適当なものを，次のア〜カから選んで，記号で答えよ。ただし，震央の位置を「×」とする。 [　　　　　]

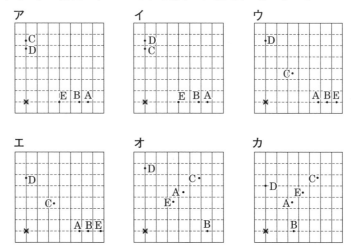

ガイド (3)表より，小さなゆれを起こす波が地点Aから地点Eまで進むのにかかった時間がわかる。
(4)ゆれ始めの時刻を見れば，最も震源に近い地域から最も震源から離れた地域までわかる。

重要 160 [地震計の記録(2)]

図は，ある地震における地点AとBでの地震の記録である。いずれにも，①と②の2種類のゆれが記録された。表は，各地点の震源からの距離と，2種類のゆれがはじまった時刻をまとめたものである。また，この地震の波はそれぞれ一定の速さで伝わるものとする。あとの問いに答えなさい。

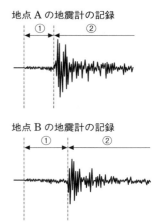

地点Aの地震計の記録

地点Bの地震計の記録

	震源からの距離	①のゆれがはじまった時刻	②のゆれがはじまった時刻
地点A	120km	8時44分7秒	8時44分23秒
地点B	180km	8時44分19秒	8時44分43秒

(1) 震源の真上の地表の点を何というか。

[　　　　　]

(2) この地震における①と②のゆれを起こす波の速さは何km/sか。それぞれ求めよ。

①[　　　　　] ②[　　　　　]

(3) 表から考えられるこの地震の発生時刻は，何時何分何秒か。 [　　　　　]

ガイド (3)(2)で求めた①のゆれを起こす波の速さと，地点Aの震源からの距離を使えば，波が地点Aまで到達するのにかかった時間がわかる。

重要 161 ▷ [地震計の記録(3)]

図は，釧路沖で起こった地震のある地点における地震計の観測記録である。また，表はX〜Z市におけるこの地震の震源からの距離とⅠ波・Ⅱ波の到着時刻との関係を表したものである。ただし，波の伝わる速さは一定とする。また，表中の＊印の記録は残されていない。次の問いに答えなさい。

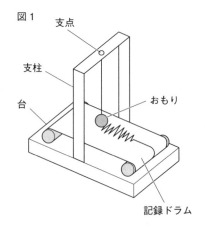

Ⅰ波の到着時刻　Ⅱ波の到着時刻　時間

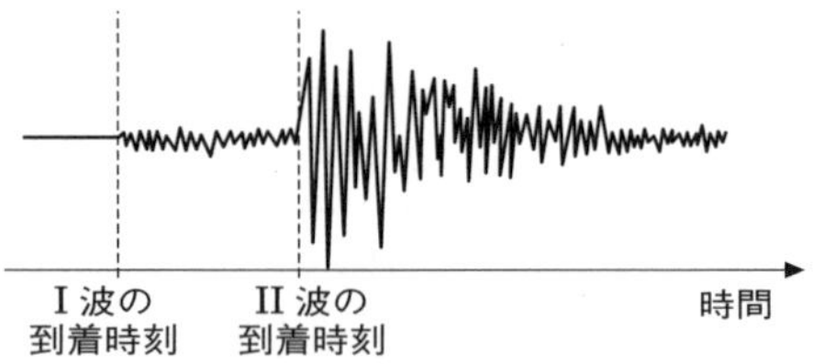

	震源からの距離	Ⅰ波の到着時刻	Ⅱ波の到着時刻
X市	168 km	20時6分36秒	＊
Y市	364 km	20時7分4秒	20時7分43秒
Z市	＊	20時7分16秒	20時8分4秒

(1) Z市の震源からの距離はおよそ何kmか。　　　[　　　　　　]

(2) X市での初期微動継続時間はおよそ何秒か。　　　[　　　　　　]

162 ▷ [地震のゆれの伝わり方]

地震の多い日本では，約1300か所の高感度地震観測施設があり，地震計や傾斜計，GPS変位計などが設置してある。地震計は，地震動を電気信号に変換する電磁式が主として用いられるが，基本的な原理は，振り子式の地震計(図1)と同じである。ある地震において，3地点(A〜C)でゆれを観測した。図2は地点A，Bの地震計の記録である。地点AにおけるP波とS波の到達時刻を図2中に記した。また地点Aと地点Bの震源からの距離の差は40kmであった。地下の媒質は一様であり，地震波の伝達速度は一定であるとする。次の問いに答えなさい。

図1　支点　支柱　台　おもり　記録ドラム

図2　5時33分4秒　5時32分52秒　地点A　a　地点B　b

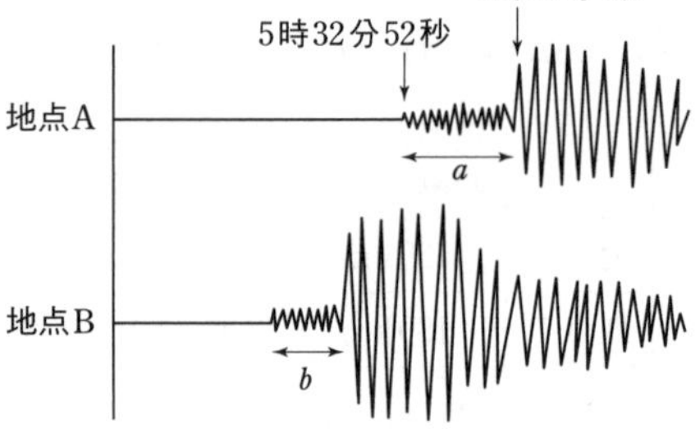

(1) 地震は地面全体が動くため，何らかの不動点を基準として，それに対する他の物体の動きを記録する。図1の地震計で不動点とみなせるのはどこか。最も適切なものをア〜オから選び，記号で答えよ。　　　[　　　　　　]

　　ア　台　　イ　支点　　ウ　支柱　　エ　おもり
　　オ　記録ドラム

(2) 図2のaの時間を何というか。　　　[　　　　　　　　　　　]

(3) P波，S波の伝達速度をそれぞれV_p〔km/s〕，V_s〔km/s〕としたとき，震源までの距離をV_p，V_s，aを用いて表せ。　　　[　　　　　　　　　　]

(4) $V_p = 6$km/s，$V_s = 3$km/s であった。震源でこの地震が発生した時刻はいつか。　　　[　　　　　　　　　　]

(5) (4)のとき，bの値を小数第2位を四捨五入して答えよ。　　　[　　　　　　]

(6) (4)のとき，地点CではS波が5時33分16秒に観測された。地点CでP波が到達した時

刻はいつか。　　　　　　　　　　　　　　　　　　　　　　　　　[　　　　　　　]

(7)　地震災害や防災について述べた文ア〜エから，誤っているものをすべて選べ。

　　　　　　　　　　　　　　　　　　　　　　　　　　　　　　　[　　　　　　　]

　ア　緊急地震速報は大規模な地震が起こる直前の地殻変動を検知し，気象庁が発表する。

　イ　地震災害には揺れによる災害と地殻変動による災害があるが，前者の例は津波が，後者の例は土砂崩れがあげられる。

　ウ　9月1日の防災の日は，1923年の関東大地震が起こった日である。

　エ　マグニチュードが大きい地震はマグニチュードの小さい地震に比べて，必ず震央付近のゆれが大きい。

> **ガイド** (1)不動点は，永遠に動かない点ではなく，周囲のゆれがしばらく伝わらない点のことである。なお，台は机とともにすぐにゆれてしまい不動点にならない。

重要 **163** ［地震波のグラフ］

ある地震を2つの地点A，Bで観測した。右の表は，地点A，BにおけるP波の到着時刻と震源からの距離を表したものである。次の問いに答えなさい。ただし，P波，S波はそれぞれ一定の速さで伝わるものとする。

	地点A	地点B
P波の到着時刻	13時20分34秒	13時20分54秒
震源からの距離	60km	180km

(1)　下の図に，地点A，Bにおける観測値を・ではっきりと記入し，それをもとにP波の到着時刻と震源からの距離を表すグラフを作成せよ。

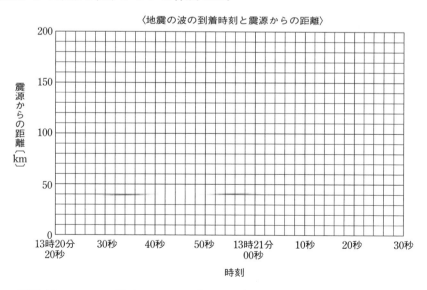

⟨地震の波の到着時刻と震源からの距離⟩

(2)　震源からの距離が100kmの地点には，S波が13時20分56秒に到着した。(1)と同じ図に，この地点における観測値を×ではっきり記入し，それをもとにS波の到着時刻と震源からの距離を表すグラフを作成せよ。

164 〉[初期微動継続時間]

次の文中の空欄①, ②に適する文字式を答えなさい。なお, ①は a, b, x を用いた式で, ②は a, b, t を用いた式で答えなさい。

①[   ] ②[   ]

S波の速度を a〔km/s〕, P波の速度を b〔km/s〕, 初期微動継続時間の長さを t〔s〕, 観測した地点から震源までの距離を x〔km〕とする。

この場合, 初期微動継続時間は $t =$ ① と表され, 観測した地点から震源までの距離は, $x =$ ② と表される。

ガイド S波が届くまでにかかる時間とP波が届くまでにかかる時間がわかれば, t を求めることができる。

165 〉[地震計]

地震計について, 次の問いに答えなさい。

(1) 図1, 図2は地震のゆれを記録する地震計を模式的に示したものである。下の文の①, ②の中からそれぞれ正しいものを1つずつ選び, 記号で答えよ。　　　①[   ] ②[   ]

上下のゆれを記録できるのは, ①(ア　図1　イ　図2)の地震計である。地震のゆれが伝わるときに, 図1, 図2の地震計の②(ア　台　イ　おもり)はほとんど動かない。

図1

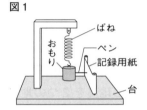

図2

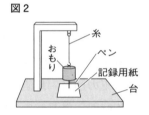

(2) 気象庁は, 地震被害軽減に向け, 「緊急地震速報」というシステムを開発している。この「緊急地震速報」とは, 震源に近い地域でとらえた観測データをもとに, 主要動の到達時刻などの情報を可能な限り早く知らせるシステムである。「緊急地震速報」が, 震源からはなれた場所での被害軽減の一手段にできるのは地震波の伝わる速さにどのような性質があるからか。P波, S波という2つの語を用いて, 簡単に答えよ。

[   ]

重要 166 〉[震度とマグニチュード]

地震が起こると, ニュースなどでは「震度」や「マグニチュード」という言葉がよく用いられる。震度とマグニチュードはそれぞれ何を表しているか。簡潔に説明しなさい。

震度[   ]
マグニチュード[   ]

重要 167 〉[震央の求め方(1)]

次の　　　　　内の文章は, ある中学生が体験した地震についてまとめたレポートの一部である。また, 図はそのときの地震における各地の震度を示したものである。あとの問いに答えなさい。

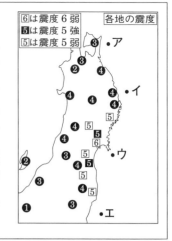

みんなで食事をしていたとき，地震のゆれを感じました。その地震では，①棚の食器が少し音を立てたくらいでしたが，家の中にいた全員がゆれを感じました。しかし，ゆれは，それ以上大きくならずにおさまったので，みんなほっとしました。すぐにテレビをつけると，その地震の規模を示すマグニチュードや各地の震度など，地震に関する情報が放送されていました。その放送を見て，わたしは，②震央（震源）からほぼ同じ距離の地点でも，震度の異なる場所があることに気づきました。また，テレビでは「海岸付近では，津波に警戒してください。」という警報が，くり返し流されていました。

(1) 下線部①から，この中学生が体験した地震の震度として最も適切なものを，次のア～エから1つ選び，記号で答えよ。　　　　　　　　　　　　　[　　　]

　ア　震度1　　　　　イ　震度3　　　　　ウ　震度5弱　　　　　エ　震度6弱

(2) この地震の震央の位置として最も適切なものを図に示すア～エから1つ選び，記号で答えよ。

[　　　]

(3) 下線部②の理由を，1つ簡潔に答えよ。　　　[　　　　　　　　　　　　　]

ガイド (2)震央に近いほど，震度が大きい。

重要 168 **［震央の求め方(2)］**

地震について，次の問いに答えなさい。

(1) ある地区で地震が起き，震度は4であった。この値が示すゆれの程度として，最も適切なものを次のア～エから1つ選び，記号で答えよ。　　　　　　　　[　　　]

　ア　ほとんどの建物で窓ガラスが破損，落下する。

　イ　棚にある食器が音を立てる。

　ウ　つり下げている電灯などが，わずかにゆれる。

　エ　人はゆれを感じない。

(2) 図は，各地のゆれ始めの時刻を表したもので，図の×で示されたa～eの地点のうち，震央と推測される地点として，最も適切なものをa～eから1つ選び，記号で答えよ。　　　　　　　[　　　]

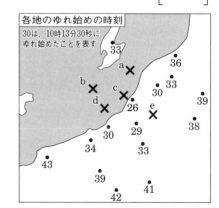

ガイド (2)ゆれ始めた時刻の同じ場所を結んで同心円をかいてみるとよい。

◆ 重要 [169] **[プレート(1)]**

次の問いに答えなさい。

(1) 図は日本列島付近の大陸プレートと海洋プレートのようす
を模式的に示したものである。近い将来，発生が予測されて
いる南海地震は，図の大陸プレートと海洋プレートの境界付
近で起こると考えられている。この地震が起こるしくみを述
べた文として適切なものを，次のア〜エから1つ選び，記号
で答えよ。 [　　　]

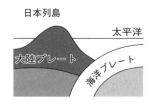

ア 海洋プレートが大陸プレートの下にもぐりこんで，大陸プレートを引きずりこみ，引き
ずりこまれた大陸プレートがたえきれず，反発してもどるため。

イ 海洋プレートが大陸プレートの下にもぐりこんで，大陸プレートを押し上げ，押し上げ
られた大陸プレートがたえきれず，反発してもどるため。

ウ 大陸プレートが海洋プレートの上に乗り上げて，海洋プレートを押し下げ，押し下げら
れた海洋プレートがたえきれず，反発してもどるため。

エ 大陸プレートが海洋プレートの上に乗り上げて，海洋プレートを引きずり上げ，引きず
り上げられた海洋プレートがたえきれず，反発してもどるため。

(2) 日本付近で発生したマグニチュード5以上の地震の震源の分布を示した図を，次のア〜エ
から1つ選び，記号で答えよ。また，なぜそのような分布になるのか，説明せよ。

図[　　　] 説明[　　　　　　　　　　　　　　　　　　　　　　　　　　]

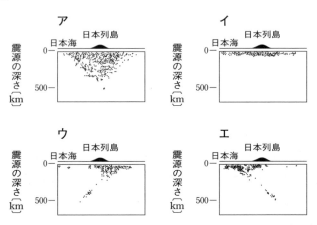

[170] **[プレート(2)]**

日本の太平洋岸で大地震が起こるしくみは，地球
の表面をおおうプレートの動きによって説明する
ことができる。図は，日本海溝付近のプレートを
模式的に示したものである。これについて，次の
問いに答えなさい。

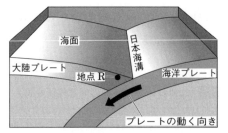

(1) 図の地点Rにおいて，ある年を基準として横
軸に時間の経過を，縦軸に海底の隆起・沈降の大きさをとり，海底大地震発生前後の変動（隆

起・沈降)を模式的なグラフに表すとどのようになるか。最も適当なものをア〜エから1つ選び，記号で答えよ。ただし，↓と↑は，地震の発生時刻を示している。 [　　　]

(2) 海底で大地震が起こると，海底の隆起・沈降によって震源に近い地域の海岸だけでなく，遠く離れた地域の海岸にも被害をもたらすことがある。このような被害をもたらす現象を何というか。その名称を答えよ。 [　　　　　　]

171 ▷ [地震と断層]

次の文を読み，あとの問いに答えなさい。

日本には数多くの活断層が存在し，①活断層がずれることで内陸型の地震が起こる。地震の揺れは人間生活に被害をもたらすが，②地震の揺れを解析することで，地震に関していろいろなことがわかる。その成果の1つが，地震の揺れの到達を地震波が届く前にテレビや携帯電話などを通じて伝える（　　　　）である。

(1) 文中の空欄（　　　　）にあてはまる語句を答えよ。 [　　　　　　]

(2) 下線部①に関連して，図1の写真の断層の種類とその断層ができたときの地層にはたらく力の組み合わせとして正しいものを，下のア〜エから1つ選び，記号で答えよ。
[　　　]

選択肢	断層の種類	かかる力
ア	正断層	左右から押す力
イ	逆断層	左右から押す力
ウ	正断層	左右に引く力
エ	逆断層	左右に引く力

(3) 地震が起きると地面が隆起したり，沈降したりする。次のア〜オの地形のなかで地面が隆起してできるものと沈降してできるものをそれぞれ1つずつ選び，記号で答えよ。
隆起[　　] 沈降[　　]

ア 海岸段丘　　　イ 三角州　　　ウ V字谷
エ リアス海岸　　オ 扇状地

(4) 下線部②に関連して，近畿地方で起きたある地震（5時33分18秒に発生）の最大震度は5弱であった。これは震度10階級のなかで，小さいほうから数えて何番目にあたるか。数字で答えよ。 [　　　]

ガイド (4)強弱2階級に分かれているのは，震度5と震度6だけである。

最 高 水 準 問 題

解答 別冊 p.42

172 授業中，地震があった。この地震の発生時刻は 10 時 31 分 45 秒であり，学校の地震計には 10 時 31 分 51 秒から P 波が記録されていた。図は，この地震の震央付近の断面を表した模式図である。震央と学校は同じ水平面上にあり，24km 離れている。震源から 45km 離れている A 地点では，10 時 31 分 54 秒に P 波が届いた。次の問いに答えなさい。 (千葉県改)

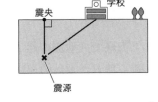

(1) 現在，日本では震度を何段階に分けているか。最も適当な数値を答えよ。 [   ]

(2) この地震の P 波の伝わる速さを求めよ。 [   ]

難(3) この地震の震源の深さは何 km か。なお，必要があれば，図の直角三角形を参考にせよ。 [   ]

173 地震に関する次の問いに答えなさい。

(千葉・麗澤高)

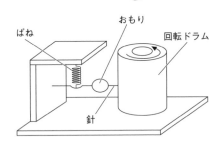

(1) 右の図は地震を記録する地震計である。図のおもりは，地面のゆれを記録するときにどのような役割をするか説明せよ。

[   ]

(2) 次の文章に関する下の各問いに答えよ。

　日本で用いられている震度は 10 段階に分けられ，最大の震度は震度 [ア] である。地震の規模の尺度には，震度ではなく [イ] が用いられる。 [イ] と地震のエネルギーの大きさの関係は右の表のようになる。

　表の地震のエネルギーの大きさ（相対値）は， [イ] の大きさが 1.0 のときの地震のエネルギーを 1.0 として表したものである。

[イ] と地震のエネルギーの大きさの関係			
[イ] の大きさ	1.0	1.2	2.0
地震のエネルギーの大きさ（相対値）	1.0	2.0	32

① 空欄ア，イに適する数字や語句を答えよ。

ア[   ] イ[   ]

② [イ] が 5.0 の地震に対して， [イ] が 6.4 の地震のエネルギーは何倍になるか。

[   ]

174 新潟県では，2004 年の新潟中越地震の最大の震度は 7，また，2007 年の新潟県中越沖地震の最大の震度は 6 強であった。次の問いに答えなさい。

(東京・筑波大附駒場高)

難(1) 震度 6 強を表すゆれのようすはどれか。次のア～エから 1 つ選び，記号で答えよ。 [   ]

ア 窓ガラスが割れて落ちたり，棚の食器類，書棚の本が落ちることがある。

イ かなりの建物の壁でタイルや窓ガラスが落下する。固定していない重い家具の多くが移動，転倒する。

ウ 立っていることが難しく，耐震性の低い住宅では瓦が落下したり，傾くことがある。

エ テレビが台から落ちたり，タンスなど重い家具が倒れることがある。

(2) 震央からの距離が同じ2地点で同じ地震による震度の大きさが異なる理由はどれか。次のア～エから1つ選び，記号で答えよ。 [　　　　]

　ア　場所によってその震度のマグニチュードが異なるから。

　イ　震源が浅いから。

　ウ　初期微動継続時間の長さが違うから。

　エ　地盤の強さが違うから。

175 次の文章を読み，あとの問いに答えなさい。 (東京・中央大杉並高改)

　杉男君は勉強中に小さなゆれを感じ，机の下に隠れた。すぐに大きなゆれが始まったが，物が落ちたり家具が倒れたりするほどではなく，しばらくしてゆれは収まった。杉男君がテレビをつけると，地震速報が流れていて，杉男君の住む地域は①震度3と出ていた。その後ニュースでは，この地震の規模が②M4.5であったことを知らせていた。

(1) 下線部①の震度の説明として誤っているものを次のア～オから1つ選び，記号で答えよ。

[　　　　]

　ア　最も小さい震度は0である。

　イ　最も大きい震度は7である。

　ウ　震度1と震度2の中間のゆれは震度1.5である。

　エ　震度5と震度6は強，弱に分けられている。

　オ　震度は，震度計によって測定される。

(2) 下線部②「M」は何を表すか答えよ。 [　　　　]

(3) 右の図は，ある地震で発生した2つの地震波について，震源からの距離と地震波が届くまでの時間の関係を表したものである。

　この地震をある地点で観測したら，小さなゆれが6秒続いた。この観測地点は震源から何km離れているか。

[　　　　]

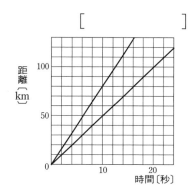

176 図は，ある地震で発生した2つの波が，時間の経過とともに伝わっていくようすを示したものである。A地点における初期微動継続時間を求めなさい。 [　　　　]

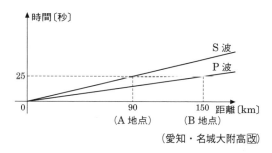

(愛知・名城大附高改)

解答の方針

173 (2)表より，[　イ　]が0.2大きくなるごとに，エネルギーは何倍になっているか考える。[　イ　]が1.0から2.0になったときは，1.0つまり0.2×5大きくなり，32倍つまり2^5倍になっている。

175 (3)グラフより，初期微動継続時間が6秒のところを探す。

難 177 地震について，次の問いに答えなさい。 （大阪教育大附高池田）

(1) 次のア〜エの文は緊急地震速報について述べたものである。誤っているものを1つ選び，記号で答えよ。 [　　　]

　ア　震源からの距離によっては，緊急地震速報が発表されるまでに大きなゆれが始まることがある。

　イ　緊急地震速報は2点以上で地震波が観測された場合に発表され，ゆれの大きさの予測は正確である。

　ウ　緊急地震速報により自動車が急ブレーキをかけることで，衝突事故などの二次災害が起きる可能性がある。

　エ　一般の家庭では，緊急地震速報をテレビやラジオの放送を通じて入手することができる。

(2) ある地震が起こったとき，図のように25km離れた2地点A，Bで観測データから震源までの距離を求めたところ，点Aからは20km，点Bからは15km離れていることがわかった。この地震の震央が直線AB上にあるとして，点Aから震央までの距離と，震源の深さをそれぞれ求めよ。

A ●————————————● B

点Aから震央までの距離 [　　　　　　]

震源の深さ [　　　　　　]

178 ある期間内に東北地方で発生した地震の中から，図に示したA，B，Cのそれぞれの地域の地下に震源がある地震について，次のア，イ，ウの3つのグラフにまとめた。グラフの横軸は震央における初期微動継続時間の長さを2秒間ずつ区切って表し，縦軸はその区切りごとの初期微動継続時間をもつ地震の起こった回数を表してある。A，B，Cのそれぞれの地域の地震データを示すグラフを次のア〜ウから1つずつ選び，記号で答えなさい。 （国立高専）

A [　　] B [　　] C [　　]

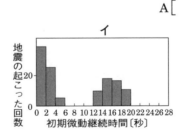

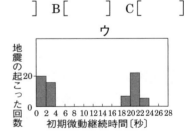

179 次の問いに答えなさい。　　　　　　　　　　（京都・同志社高）

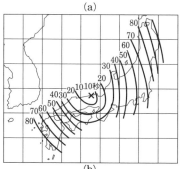
(a)

(1) 図の(a)，(b)は２つの地点でそれぞれ×印の地点に最初のゆれが伝わった時刻を０とし，それから何秒後に最初のゆれが伝わったかを示している。(a)，(b)の比較からいえることは何か。次のア～カより正しいものをすべて選び，記号で答えよ。

　　　　　　　　　　　　　　　　　　[　　　　　　]

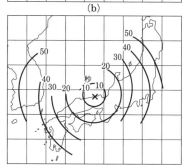
(b)

ア　(a)のほうがマグニチュードが大きい。

イ　(b)のほうがマグニチュードが大きい。

ウ　(a)のほうが震度が大きい。

エ　(b)のほうが震度が大きい。

オ　(a)のほうが震源が深い。

カ　(b)のほうが震源が深い。

(2) 右図は同じ場所におかれている同一の地震計で，(A)～(D)の４つの地震を観測したものである。次の①，②に相当する地震を選び，記号で答えよ。ただし，地下の岩石の固さはどこも同じであるとする。

　　　　　　　　　　　　　①[　　　]　②[　　　]

① 震源がこの地震計に最も近い地震

② マグニチュードの最も大きい地震

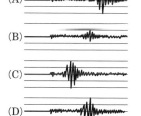

180 グラフは，1946 年に発生した南海地震前後の室戸岬の隆起・沈降量を 1900 年を基準として示したものである。これについて，次の問いに答えなさい。

　　　　　　　　　　　　　　　　　　　　　　（広島大附高）

(1) 1900 年から 1940 年までの沈降量は，年平均何 mm か。

　　　　　　　　　　　　　　　　[　　　　　　]

(2) 南海地震まで，同じ割合で土地が沈降したとして，南海地震のときの土地の隆起量は何 cm か。小数第１位を四捨五入して答えよ。　　　　　　　[　　　　　　]

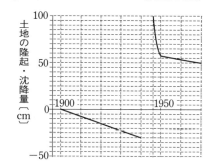

───────────────────────

解答の方針

177 (2)点 A と点 B，震源を結んでできる三角形は直角三角形になる。震源から線分 AB に垂線を引くと，垂線と線分 AB の交点が震央となる。

180 (2)グラフより，46 年で何 cm 沈降したかを求める。また，南海地震で 1900 年と比べて 100 cm 上昇していることがわかるので，これまで沈降した分と地震によって上昇した分の差が隆起量になる。

3 地層

（解答）別冊 p.44

標準問題

重要 181 ［流水によってできる地形］

右の図は，ある川の水源から海に注ぐ河口までの，川の高さと長さについて示したグラフである。次の問いに答えなさい。

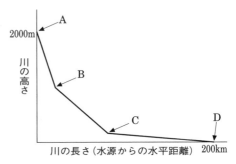

(1) 最も川が蛇行しやすいのはどこか。次のア～ウから1つ選び，記号で答えよ。　　　［　　　］

　ア　A～B間　　　イ　B～C間　　　ウ　C～D間

(2) V字谷が最も形成されやすいのはどこか。次のア～ウから1つ選び，記号で答えよ。　　　［　　　］

　ア　A～B間　　　イ　B～C間　　　ウ　C～D間

(3) C地点で形成されやすい特徴ある地形は何と呼ばれているか。次のア～エから1つ選び，記号で答えよ。　　　［　　　］

　ア　カルデラ　　　イ　フィヨルド　　　ウ　扇状地　　　エ　カルスト地形

ガイド (3)C地点は傾斜がゆるくなり，流れが遅くなるため小石などが堆積しやすい。

182 ［流水のはたらき］

図1～図3は，ある川の上流から下流までの3地点のれきのようすを示したものである。あとの問いに答えなさい。

図1
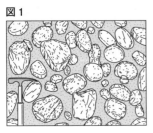

図2
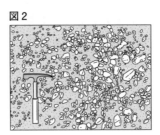

図3

(1) 次の文章中の①，②の（　）の中からそれぞれ正しいものを1つずつ選び，記号で答えよ。
　　　　　　　　　　　　　　　　　　　　①［　　　］②［　　　］

　図1～図3のうち，最も上流におけるれきのようすを示しているものは①（ア　図1　イ　図2　ウ　図3）である。この地点のまわりは，②（ア　堆積　イ　侵食）によって深い谷になった。

(2) 図1のれきが見られた川原で採集した岩石の特徴を調べて，表のようにまとめた。れき岩をつくっている粒は，安山岩をつくっている粒と比べて形にどのような違いがあるか。簡単に答えよ。

[　　　　　　　　　　]

採集した岩石		特　　徴
火成岩	安 山 岩	斑状組織であった。
	花こう岩	等粒状組織であった。
堆積岩	れ き 岩	おもに直径が 2mm 以上の粒でできていた。
	砂　　岩	直径がおよそ 1mm の粒でできていた。
	泥　　岩	砂より細かい粒でできていた。
	石 灰 岩	表面は白っぽい色をしていた。
	チャート	表面は赤色や緑色をしていた。

183 ▷ [地層のでき方の実験]

次の問いに答えなさい。

(1) 地層のでき方について，以下の実験を行った。

〔実験〕 図のように，水を満たした透明な長い筒を垂直に固定して，次のⅠ，Ⅱを3回繰り返した。

Ⅰ　砂と泥を混ぜたものをいちどに注ぎ込む。

Ⅱ　水のにごりがとれるまで静かに放置する。

① 実験で，長い筒の下に積もった砂と泥のスケッチはどれか。最も適当なものを次のア～エから1つ選び，記号で答えよ。 [　　　　]

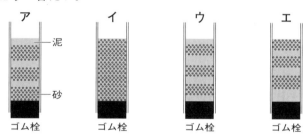

② 実験でできる砂と泥の積もり方は，どのような場所にできる地層と似ているか。最も適当なものを次のア～エから1つ選び，記号で答えよ。 [　　　　]

ア　陸地に近い浅い海でできる地層

イ　山地から平地になるところでできる地層

ウ　陸地から遠く離れた海底でできる地層

エ　海底での土砂くずれなどでできる地層

(2) 右図のように，かたむけたトレーを使って，れき，砂，泥を混ぜたものに静かに水をかけ，流されたあとの積もり方を観察した。

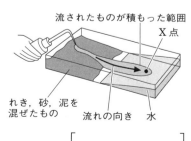

① 図の最先端部分のX点には，どのようなものが積もったか。簡単に答えよ。

[　　　　　　　　　　]

② 海底や湖底などに，れき，砂，泥などが地層となって積み重なり，おし固められてできる岩石をまとめて何というか。その名称を答えよ。

[　　　　]

重要 184 〉[岩石の分類]

野外から5種類の岩石を採集して観察したところ，それぞれ次のA〜Eのような特徴が見られた。これについて，あとの問いに答えなさい。

A　炭酸カルシウムを主成分としている。フズリナやサンゴなどの化石を含むことがある。

B　砂粒が固まってできている。全体は灰色っぽく，粒の大きさがよくそろっている。

C　石英・長石・黒雲母からなる。角セン石は含まれず，全体が白っぽい。

D　火山灰が固まってできている。風化によって変色したり，軽石の破片を含むことがある。

E　長石・輝石・カンラン石からなる。角セン石は含まれず，全体が黒っぽい。

(1)　Aの岩石の名称を答えよ。　　　　　　　　　　　　　　　　　[　　　　　　　　]

(2)　Bと同じでき方で，砂より小さい粒が固まってできた岩石の名称を答えよ。

　　　　　　　　　　　　　　　　　　　　　　　　　　　　　　[　　　　　　　　]

(3)　Cの特徴をもち，斑晶と石基が見られる岩石の名称を答えよ。　[　　　　　　　　]

(4)　A〜Eの岩石をでき方のちがいによって2つに分類したとき，Aと同じ分類になる岩石
　　をB〜Eからすべて選び，記号で答えよ。　　　　　　　　　　[　　　　　　　　]

> ガイド　CとEは火成岩であることがわかる。

重要 185 〉[柱状図からわかること⑴]

次の調査について，あとの問いに答えなさい。

　標高が異なる3地点P, Q, Rで，ボーリングによって地下の地質調査を行った。次の図1は，地質調査を行ったときの，各地点のP〜Rの地層の重なり方を示した柱状図である。また，図2は，各地点P〜Rの地図上の位置を示したものである。図1，2をもとにして，あとの問いに答えなさい。ただし，地質調査をしたこの地域の各地層は，それぞれ同じ厚さで水平に積み重なっており，曲がったり，ずれたりせず，地層の逆転はないものとする。また，図1の柱状図に示したa層の黒っぽい火山灰の層は，同じ時期の同じ火山による噴火で，堆積したものとする。

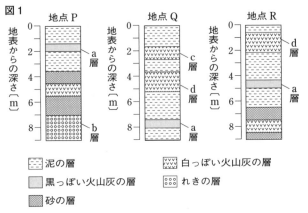

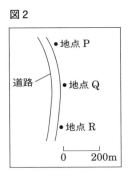

(1)　図1のa〜d層は，どのような順序で堆積したか。古いほうから順に，その符号を並べよ。

　　　　　　　　　　　　　　　　　　　　　　　　　　　　　　[　　　　　　　　]

(2)　地点Pの標高は35mであった。このとき、地点Rの標高は何mか。　　[　　　　　　　　]

(3)　図1のa層、c層、d層のような火山灰がかたまってできた岩石を何というか。その名称を答えよ。　　　　　　　　　　　　　　　　　　　　[　　　　　　　　]

> ガイド　(2)a層が3つの地点に共通している。地点Pのa層の下面の標高は33mである。この地域は各地層が水平に積み重なっているので、a層の標高をもとにして、地点Rの標高を求めることができる。

重要　186　[柱状図からわかること(2)]

図1のA～Dの4地点の露頭で地層調査を行ったところ、図2のような柱状図が得られた。これについて、あとの問いに答えなさい。ただし、この地域では地層が折れたり曲がったりすることによる地層の逆転はなく、標高もほとんど同じであるとする。

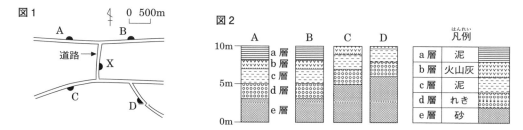

(1)　図2のe層が堆積してからd層が堆積するまでの間に、環境はどのように変化したと考えられるか。「海の深さ」という語句を用いて簡単に答えよ。

　　　　　　　　　　　　　　　　　　　　　[　　　　　　　　　　　　　]

(2)　化石を含む地層のように、地層をつなぐのに有効な、目印となる地層をかぎ層という。

　図2のa層～d層の中から、かぎ層としてもっとも適当なものを次のア～エから1つ選び、記号で答えよ。　　　　　　　　　　　　　　　[　　　]

　　ア　a層　　　　　イ　b層　　　　　ウ　c層　　　　　エ　d層

(3)　もし、この地域の地層が北側に傾斜していた場合、図1のX地点の露頭を道路側から見てスケッチすると、どのようになるか。最も適当なものを、次のア～エから1つ選び、記号で答えよ。　　　　　　　　　　　　　　　　　　[　　　]

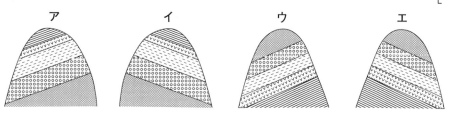

> ガイド　(3)道路側からXを観察すると、西側から観察することになる。

187 〉[地層観察の留意点]

次の問いに答えなさい。

(1) 地層の観察の際に注意すべき点について，適当でないものを，次のア〜エから1つ選び，記号で答えよ。　　　　　　　　　　　　　　　　　　　　　　[　　　]

ア　がけや川，海での事故に十分注意する。

イ　岩石ハンマーを扱うときは安全めがねをつける。

ウ　服装は動きやすいように半そでで，半ズボンにする。

エ　化石を採集するときは傷つけないように慎重に取り出す。

(2) ビカリアの写真を撮るとき，右図のXのようにペンを置いて撮影するほうが記録として適切である。

その理由を答えよ。

[　　　　　　　　　　　　　　]

X
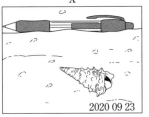

Y
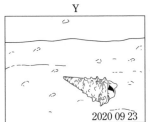

重要 188 〉[化石]

次の文を読み，あとの問いに答えなさい。

図の岩石には，粒状の模様が見られる。この模様は，フズリナとよばれる化石で，この岩石にうすい塩酸をかけると，他の堆積岩と区別できる。

さらに，このフズリナは［　①　］という年代を示す化石であり，同年代に産出する化石には，［　②　］がある。年代を決めることができるのに役立つ化石は，［　③　］範囲に生息し，［　④　］期間に栄えて絶滅したという条件が必要である。

また，化石には地層の堆積した年代だけでなく，地層の堆積した当時の環境を知ることができる示相化石もある。

0　　　2cm

(1) 文中の［　①　］に適する語を次のア〜エから1つ選び，記号で答えよ。　　[　　　]

ア　古生代　　イ　中生代　　ウ　新生代古第三紀〜新第三紀　　エ　新生代第四紀

(2) 文中の［　②　］に適するものを次のア〜エから1つ選び，記号で答えよ。　[　　　]

ア　　　　　　　　　　イ　　　　　　　　　　ウ　　　　　　　　　　エ

0　　　5cm　　　0　　　5cm　　　0　　　5cm　　　0　　　5cm

(3) (2)で選んだ生物の名称を答えよ。　　　　　　　　　　　　　　　　　[　　　]

(4) 文中の［　③　］，［　④　］に適する語をそれぞれ選んで答えよ。　③[　　]　④[　　]

　　③の答え　ア　広い　イ　狭い　　④の答え　ア　長い　イ　短い

(5) フズリナの化石のように，年代を示す化石を何というか答えよ。　　　　[　　　]

重要 189 [地層からわかること(1)]

図はある地点で観察した地層のようすを模式的に示したものである。次の①〜⑤について，適当な語句を選んで答えなさい。

①[   ] ②[   ] ③[   ] ④[   ] ⑤[   ]

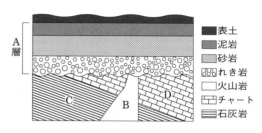

- A層の堆積のようすから，この地点は海であり，その深さはだんだんと(① 浅く・深く)なっていったことがわかる。
- Bは地下から入り込んだマグマが固まったものであるが，その時期は，A層の堆積よりも(② 新しい・古い)。
- A層の砂岩にはサンゴの化石が含まれていた。これが堆積した時期には，この地点は(③ 冷たく・暖かく)て(④ 浅い・深い)海であったことがわかる。
- Cの石灰岩とDのチャートに塩酸をかけると(⑤ 石灰岩・チャート)のほうが気体を発生しながら溶ける。

190 [地層からわかること(2)]

群馬県内のある地域でボーリング調査をしたところ，右のようなことがわかった。次の問いに答えなさい。

(1) この結果から，得られた試料はどのような環境で堆積した地層と考えられるか。次のア〜オから適するものを1つ選び，記号で答えよ。 [   ]

ア 湖や川の下流で堆積した。
イ 川の上流部で堆積した。
ウ 海岸沿いや浅い海の底に堆積した。
エ 川の中流で堆積した。
オ 川や湖がないところで堆積した。

(2) (1)の答えを選んだ理由として適さないものを次のア〜オから1つ選び，記号で答えよ。 [   ]

ア 角がないれきが含まれているから。
イ れきの大きさが一定でないから。
ウ 地層が固まっていないから。
エ 軽石や火山灰などが地層になっていないから。
オ 川の流れによってかき混ぜられたと考えられるから。

〈調査結果〉
1. 深さ14m付近に泥を主体とする地層が含まれていたが，それ以外はほとんど砂とれき（角がなく丸い形のものが多い）の混ざったものだった。
2. れきの大きさは一定でなく，大小さまざまなものが含まれていた。
3. 軽石や火山灰が含まれる部分もあったが，きちんとした地層としては出てこなかった。上下の地層と混ざり合ったようなものが多かった。
4. 全体的にやわらかい試料が多く，れきを除くと固まりきっていないものがほとんどだった。

ガイド (1)れきの大きさや固さからすれば，海で堆積していないことがわかる。

最 高 水 準 問 題 ──────────────────────────────── 解答 別冊 p.46

191 地層について，あとの問いに答えなさい。 （東京・筑波大附高）

4地点の露頭（地層が露出しているところ）で地層を観察したところ，種類の違う化石や岩石，組成の違う火山灰層など，特徴的な地層を見つけることができた。

図のa～iの地層の特徴は次の通りである。

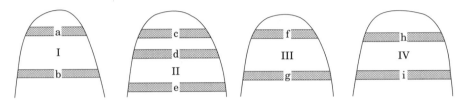

a　黒っぽい鉱物が多い火山灰からなる地層

b　新生代新第三紀だけに生息するビカリアという巻貝の化石が入っている地層

c　れき岩からなる地層

d　河口付近に生息するシジミの化石が入っている地層

e　白っぽい鉱物が多い火山灰からなる地層

f　新生代新第三紀だけに生息するビカリアという巻貝の化石が入っている地層

g　れき岩からなる地層

h　河口付近に生息するシジミの化石が入っている地層

i　aと同じ組成の黒っぽい鉱物が多い火山灰からなる地層

(1)　dとhに見られた，「シジミの化石が入っている地層」として可能性のある岩石はどれか。最も適切なものを次のア～エから1つ選び，記号で答えよ。　　　　　　　　[　　　]

　　ア　花こう岩　　　イ　砂岩　　　ウ　れき岩　　　エ　安山岩

(2)　a～iで，同じ時代にできた地層として，つながっていると考えられるものはどれか。次のア～コから正しいものをすべて選び，記号で答えよ。　　　　　　[　　　]

　　ア　a－e　　　　　イ　a－i　　ウ　a－e－i　　エ　b－d　　オ　b－f

　　カ　b－d－f－h　　キ　c－g　　ク　d－f　　　　ケ　d－h　　コ　e－i

(3)　各露頭中の地層Ⅰ～Ⅳを古いものから順に並べたい。順序を決めることができるものをすべて選び，次の例にならって，古いものから順に矢印を用いて示せ。なお，それぞれの地層が形成されたあと地殻変動や断層は起こらなかったものとする。　　　　[　　　]

　　例1）Ⅰ→Ⅱ

　　例2）Ⅰ→Ⅱ→Ⅲ→Ⅳ

192 図1はある地域の地形図で，図中の A，B，C，D は地層が見える斜面の露頭である。図2は A ～ D の斜面で観察された地層の柱状図である。地層はすべて平面をなしており，断層は生じていないものとする。あとの問いに答えなさい。

(京都・同志社高)

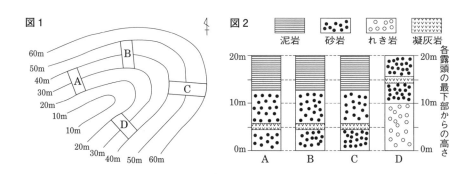

(1) この地域の地層はどのようになっているか。次のア～オより最も適切なものを1つ選び，記号で答えよ。ただし，「傾いている」とは，その向きに低くなっていることを意味する。　　［　　　］

　ア　水平である　　　　イ　東に傾いている　　　ウ　西に傾いている

　エ　北に傾いている　　オ　南に傾いている

(2) この地域の環境はどのように変化したと考えられるか。あてはまるものを次のア～エよりすべて選び，記号で答えよ。　　　　　　　　　　　　　　　　　　　　　　　　　［　　　］

　ア　大地が隆起していった。　　　　　　イ　大地が沈降していった。

　ウ　気候がしだいに温暖になっていった。　エ　気候がしだいに寒冷になっていった。

(3) 凝灰岩の層は何が起きたことを表しているか。説明せよ。

［　　　　　　　　　　　　　　　　　　　　　　　　　　　　　　　　　　　］

難 193 図は，ある地区の地層の柱状図で，貝は図の b の地層から大量に採取されたものである。次の問いに答えなさい。

(東京・筑波大附駒場高改)

(1) この貝の名称を答えよ。　　［　　　　　　　　　］

(2) (1)の貝が示す地層の堆積した環境は次のうちのどれか。ア～エから選び，記号で答えよ。

　　　　　　　　　　　　　　［　　　］

　ア　河川の上流の浅瀬

　イ　河口付近の海底

　ウ　岩しょうの岩場

　エ　沖合の海底

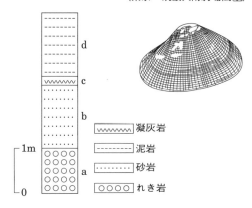

解答の方針

191　(2)組成の同じ火山灰の層は同じ噴火によってできた層と考える。

194 下の図1はある火山活動が起こった場所の地下の断面を表している。これについて説明した文を読み，あとの問いに答えなさい。

図1中のaは火山活動によってできた岩石である。図2は図1のX，Y地点の地層の重なり方や，岩石のようすを調べたものである。また，図3は，X地点の泥岩層の一部をスケッチしたものである。3つの図を見て，あとの問いに答えなさい。 (大阪星光学院高改)

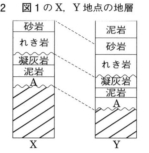

(1) 図1のX地点とY地点のようすをくわしく示した図2において，砂岩からAまでの地層には上下にずれが見られた。大きな力の作用により生じたこのずれは何と呼ばれるか。

[　　　　　　　]

(2) 図2のA層からはサンゴの化石が見つかった。この層が形成された当時の海の環境を10字程度で答えよ。また，この層を形成する岩石にうすい塩酸をかけると，ある気体が発生する。この岩石の名前を答えよ。

環境 [　　　　　　　]

岩石 [　　　　　　　]

(3) X，Y地点のれき岩と凝灰岩の境界面はなめらかではない。この面はどのようにしてできたか説明せよ。

[　　　　　　　　　　　　　　　　　　　]

195 図1は，ある川の近くの崖にある地層で，図2は図1の火山灰層のすぐ下の層から見つかったビカリアの化石である。図3は川原の白っぽいれきに含まれていたフズリナの化石である。この川は水辺から川原が階段状になっており，高くなっているところには大きなれきや小さなれき，砂，泥が入り混じっている。水辺近くでは大きなれき，小さなれき，砂がそれぞれ集まっているのが見られる。あとの問いに答えなさい。 (京都・洛南高改)

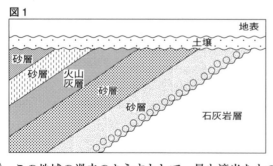

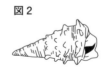

(1) この地域の過去のようすとして，最も適当なものをア〜オから1つ選び，記号で答えよ。

[　　　]

ア　海底が隆起し，長い時間かけて風化・侵食されて今日に至る。

イ　海底が隆起したあと，陸地の時代が長く続いたが，再び海底に沈み，砂が堆積した。そのあと隆起して今日に至る。

ウ　陸地が沈降し，海底で石灰分や砂が堆積した。そのあと海面が下がり，今日に至る。

エ　火山灰が堆積したあと，海底に沈み，砂が堆積した。そのあと海面が下がり今日に至る。

オ　海底で一度断層が生じ，そのあと隆起して今日に至る。

(2)　図3の化石は白っぽいれきの中に含まれていた。このれきは何岩か。また，黒っぽいれきを割ってみると図4のようになっており，1mmくらいの大きさの丸みのある粒がつまっていた。このれきは何岩か。それぞれ名称を答えよ。

図4

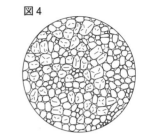

白っぽいれき [　　　　　　　　　]
黒っぽいれき [　　　　　　　　　]

(3)　次のア～オの岩石のなかで化石を含んでいる可能性のあるものをすべて選び，記号で答えよ。　　　　　　　　　　　　[　　　　　　　　]

ア　安山岩　　イ　れき岩　　ウ　凝灰岩　　エ　チャート　　オ　せん緑岩

(4)　ビカリアとフズリナの化石は地層の年代を決めるのに役立つ。それぞれの地質年代を答えよ。

ビカリア [　　　　　　　　]　フズリナ [　　　　　　　　]

(5)　川の成り立ちについて誤っているものを，次のア～オから2つ選び，記号で答えよ。　　　　　　　　　　　　　　　　　　[　　　　　　　　]

ア　川岸が階段状になっているのは，この付近がしだいに沈降してきたからである。

イ　大きなれきや小さなれき，砂，泥が入り混じっているところは，ふだんは水が流れないが，水が引いたあとそのまま残されたところである。

ウ　砂だけが集まっているところは，いつも流れがゆるく，上流から運ばれてくる砂が堆積しやすい。

エ　大きなれきだけが集まっているところでは，通常流れが強く，小さなれきや砂は運び去られてしまう。

オ　大きなれきから泥まで粒子の大きさが違うのは，流された距離がちがうからで，大きなれきほど近くの崖や支流から入り込んだことになる。

解答の方針

194　(3)凝灰岩とれき岩の境界面がなめらかではないので，凝灰岩が侵食をうけたことが推測できる。また，凝灰岩の上にれき岩の層があるので，沈降したことがわかる。

195　(3)化石は堆積岩に含まれる。

1 岩石に関する次の文を読み，あとの問いに答えなさい。

（埼玉・淑徳与野高囚）

（(1)各4点，(2)～(5)各3点，計35点）

　岩石はつくられる原因の違いから，水底や陸上でたまったものが固まってできた（　①　），地球内部でできたマグマが冷え固まったり，火山活動で他の岩石と混ざって固まったりしてできた（　②　），すでにあった岩石が地下深くで熱や圧力の影響をうけて構成鉱物や内部構造が変化してできた（　③　），地下深部をつくっているマントル物質の4つに分類される。

　また，（　②　）にはさらにマグマが地表に噴出してできた火山灰や火山れきなど火山砕せつ岩，地表または地表近くに流れ出たマグマが冷え固まってできた（　④　），地下の深いところでゆっくり冷え固まってできた（　⑤　）がある。

　（　②　）は，いろいろな鉱物の結晶や粒が集まってできており，含む鉱物の割合によっても分類されている。含まれる造岩鉱物の種類と分量の割合，および組織によって（　②　）をA～Fに分類したのが下の表である。

斑状組織	A	B	C
等粒状組織	D	E	F
造岩鉱物の種類と分量（体積百分率）			

（グラフ：a，b，輝石，角セン石，カンラン石，黒雲母，50，0）

(1)　（　①　）～（　⑤　）にあてはまる語句をそれぞれア～クから1つ選び，記号で答えよ。

　　ア　火山岩　　イ　火成岩　　ウ　深成岩　　エ　変成岩　　オ　堆成岩

　　カ　堆積岩　　キ　泥岩　　ク　マグマ岩

(2)　上の表のa，bの鉱物は何か。それぞれア～カから1つ選び，記号で答えよ。

　　ア　カッ石　　イ　石英　　ウ　ホタル石　　エ　ホウカイ石

　　オ　長石　　カ　リンカイ石

　　図はある岩石を顕微鏡で観察してスケッチしたものである。

(3)　図のスケッチにある，形がわからないほど細かな粒の部分を何というか。

(4)　図の岩石の造岩鉱物の種類とその分量を調べたところ，bが52%，輝石28%，カンラン石14%であった。この岩石は表のA～Fのどれにあてはまるか。記号で答えよ。

(5)　図の岩石名は何か。次のア～カから1つ選び，記号で答えよ。

　　ア　安山岩　　イ　花こう岩　　ウ　玄武岩

　　エ　せん緑岩　　オ　斑れい岩　　カ　流紋岩

└─形状のわからないほど細かな粒子

(1)	①		②		③		④		⑤	
(2)	a		b		(3)		(4)		(5)	

2 次の文章を読んで，あとの問いに答えなさい。

（奈良・東大寺学園高）

((1)～(3)各 4 点，(4) 9 点，計 21 点)

　2007 年，日本で初めて天然に産するダイヤモンドが報告された。ダイヤモンドができるには，一般に 1400℃以上の温度で 5.5 万気圧以上の圧力が必要だと推定されている。したがって，ダイヤモンドの存在は，岩石が地下 100 km 以上の深部から上昇したことを示している。今回のダイヤモンドは①輝石の中に取り込まれていた。そして，この輝石は玄武岩質の火山灰にともなってできたもので

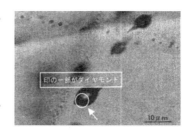

ある。ダイヤモンドは，通常は南アフリカなど 10 億年以上前の古い大陸地域で産出される。しかし，日本列島のような比較的新しい活動的な場所から発見されることはなかった。また，発見されたダイヤモンドの結晶は図のように 1μm（1 mm の 1000 分の 1）程度と非常に小さいため商業的価値はほとんどないが，「日本のような②プレートが沈み込む境界において，③100 km 以上の地下深部から地表まで岩石が上昇してくることがある。」ということを示した点で，きわめて重要である。

　いったいこのようなダイヤモンドはどのようにしてできたのだろうか。そして，④100 km 以上の地下深部からどのように上昇してきたのだろうか。

(1)　下線部①に関して，輝石と異なるグループに属する鉱物を，次のア～エから 1 つ選び，記号で答えよ。

　　ア　カンラン石　　イ　角セン石　　ウ　黒雲母　　エ　斜長石

(2)　下線部②に関して，プレートが沈みこむ境界付近で見られる地形を，次のア～カからすべて選び，記号で答えよ。

　　ア　海溝　　　　　イ　海嶺　　　　　ウ　火山　　　エ　弧状列島

　　オ　しゅう曲　　カ　ホットスポット

(3)　下線部③に関して，地下 100 km の深さは，地球のどの部分か。次のア～エから 1 つ選び，記号で答えよ。

　　ア　地殻　　　イ　マントル　　　ウ　外核　　　エ　内核

(4)　下線部④に関して，地下深部でできたダイヤモンドは，どのようにして地表付近に上昇してきたと考えられるか。本文を参考にして，20 字以内で答えよ。

(1)		(2)			(3)		
(4)							

3 次の文章を読んで，あとの問いに答えなさい。 （東京・開成高）

（各4点，計24点）

　新潟県中部の中越地区には，2000年代初頭，3年間に最大震度が6強と7の地震が起こった。2007年7月16日に起こった中越沖地震の本震(最初に起きた大きな地震)は，マグニチュード6.8で柏崎沖の深さ13kmを震源とし，柏崎市や長岡市刈羽地区などでは震度6強であった。その3年前の2004年10月23日に起こった中越地震の本震は，マグニチュード6.8で柏崎市東部の深さ17kmを震源とし，山古志村で震度6強，川口村で震度7であった。

(1) 下の文の空欄〔A〕にはA群から，〔B〕にはB群から，それぞれ正しいものを1つずつ選び，記号で答えよ。

　　「日本における震度(階級)には〔A〕の数を用いて，そのうち〔B〕には強・弱をつけている。」

　　A群：ア　0～7　　　イ　1～7　　　ウ　0～8　　　エ　1～8

　　B群：オ　6　　　　　カ　5・6　　　キ　4・5・6

(2) 2004年の中越地震と2007年の中越沖地震の本震のマグニチュードは，両方とも6.8であった。本震の後に引き続き起こる余震を平均したマグニチュードが仮に4.8であったとすると，本震のエネルギーは余震の平均エネルギーの何倍に相当するか。次のア～カの中から最も近い値を1つ選び，記号で答えよ。ただし，マグニチュードが1大きくなると地震のエネルギーは32倍になるものとする。

　　ア　32　　　イ　64　　　ウ　320　　　エ　640　　　オ　1000　　　カ　3200

(3) 2004年の中越地震の本震と2007年の中越沖地震の本震のときにそれぞれ震央に地震計があったとすると，初期微動継続時間はどのようになるか。次のア～エの中から正しいものを1つ選び，記号で答えよ。なお，両方の地震の初期微動が伝わる速さは等しいものとする。

　　ア　中越地震の本震のほうが中越沖地震の本震よりも短い。

　　イ　中越地震の本震のほうが中越沖地震の本震よりも長い。

　　ウ　震央は震源の真上の地表であるから等しい。

　　エ　マグニチュードが等しいから等しい。

(4) 2007年の中越沖地震の本震では，地震発生後に津波警報が発令されたが，幸い津波による被害はなかった。津波警報が発令されるのはどのようなときか。次のア～エの中から正しいものを1つ選び，記号で答えよ。

　　ア　最大震度が6弱以上で，マグニチュードの大きい地震が起こったとき

　　イ　最大震度が6弱以上で，震源の深い地震が海岸近くで起こったとき

　　ウ　マグニチュードが大きく，海底で地震断層が生じたとき

　　エ　マグニチュードが大きく，陸地における直下型地震で，地震断層が生じたとき

(5) 大規模な地震が発生したとき，被災地におけるライフラインという言葉がテレビや新聞などで用いられている。たとえば，交通網もライフラインの1つにあげられることがある。ライフラインとしてあげられるものの組み合わせとして，最も適切なものを次のア～エから1つ選び，記号で答えよ。

　　ア　電気・食料・水道　　　　イ　水道・食料・インターネット

　　ウ　水道・電気・ガス　　　　エ　食料・電気・インターネット

(1)	A		B		(2)		(3)		(4)		(5)	

4 ある山で，ボーリングによる地質調査が行われた。あとの問いに答えなさい。

(鹿児島・ラ・サール高)(各 4 点，計 20 点)

図1はその山の付近の地図で，図2はA～Dの各地点のボーリング調査の結果を柱状図(数字は地面からの深さ)にしたものである。

なお，AはBから40m北，CはBから40m東，DはCから40m南にそれぞれ位置している。また，石灰岩層からはビカリアの化石が見つかっている。

〔調査結果〕

ボーリングの結果から，れき岩層は(　①　)，砂岩・石灰岩層・泥岩層は(　②　)，石灰岩が堆積したのは(　③　)であることがわかる。また，れき岩層と砂岩層・石灰岩層・泥岩層は(　④　)の関係にあり，この地域は(　⑤　)ことがわかった。

(1) 文の空欄①，②にあてはまる語句を，ア～コから選び，記号で答えよ。

　ア　水平で　　イ　垂直で

　ウ　北に最も大きく傾いており

　エ　東に最も大きく傾いており

　オ　南に最も大きく傾いており

　カ　西に最も大きく傾いており

　キ　北東に最も大きく傾いており

　ク　北西に最も大きく傾いており

　ケ　南東に最も大きく傾いており

　コ　南西に最も大きく傾いており

(2) ③にあてはまる時代を，ア～オから選び，記号で答えよ。

　ア　古生代以前　　　　イ　古生代　　　　ウ　中生代

　エ　新生代新第三紀　　オ　新生代第四紀

(3) ④にあてはまる言葉を答えよ。

(4) ⑤にあてはまる言葉として，適当なものを，ア～オから選び，記号で答えよ。

　ア　かつては熱帯であった

　イ　かつては氷河が分布していた

　ウ　現在を含め，少なくとも 2 回陸地になっている

　エ　現在を含め，少なくとも 3 回陸地になっている

　オ　かつては恐竜が生息していた

図1
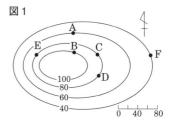

図2
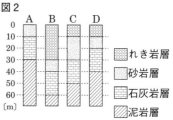

(1)	①		②		(2)		(3)		(4)	

□ 編集協力　エデュ・プラニング合同会社　出口明憲　中村江美
□ デザイン　CONNECT
□ 図版作成　甲斐美奈子

シグマベスト
最高水準問題集
中1理科

本書の内容を無断で複写（コピー）・複製・転載することを禁じます。また，私的使用であっても，第三者に依頼して電子的に複製すること（スキャンやデジタル化等）は，著作権法上，認められていません。

編　者　文英堂編集部
発行者　益井英郎
印刷所　図書印刷株式会社
発行所　株式会社文英堂
　　　　〒601-8121　京都市南区上鳥羽大物町28
　　　　〒162-0832　東京都新宿区岩戸町17
　　　　（代表）03-3269-4231

最高水準問題集

中1理科

解答と解説

文英堂

1編　いろいろな生物のなかま

1　身近な生物

001　(1) エ→イ→ウ→ア→オ　　(2) h
　　　(3) 40倍　　(4) 短くなる
　　　(5) ア　　　(6) 狭くなる
　　　(7) 暗くなる

解説　(1) 顕微鏡を使うとき，接眼レンズや対物レンズがついていなければまずそれらを取りつけ，その後，反射鏡で視野を明るくする。いきなりプレパラートをのせない。接眼レンズは，倍率の高いものと交換するとき以外ははずさないようにする。これは，鏡筒からほこりが入るのを防ぐためである。

(2) 観察したいものを視野の中央にもっていくには，動かしたい方向とは反対にプレパラートを動かせばよい。

(3) 顕微鏡の倍率＝接眼レンズの倍率×対物レンズの倍率である。よって，600÷15＝40倍となる。

(4)(5) 対物レンズは，高倍率のものほど長くなる。そのため，高倍率のものと取り替えると，対物レンズとプレパラートの距離が短くなる。

(6) 倍率を上げると，全体のうち一部が拡大される。視野にうつる範囲は全体からすれば狭くなる。

(7) 対物レンズを倍率の高いものに取り替えると，対物レンズとプレパラートの距離が短くなるので，見える範囲が狭くなるので，光の量は減少する。

002　(1) ア，イ，エ，カ
　　　(2) ア…ツリガネムシ
　　　　　イ…ケイソウ　　　ウ…ミドリムシ
　　　　　エ…ゾウリムシ　　オ…アメーバ
　　　　　カ…ミカヅキモ
　　　(3) ① イ，ウ，カ　　② ア，エ

解説　(1) スケッチでは影や色はつけない。視野を示す丸いふちも不要である。ただし，授業で観察の際に，プリントの指定された箇所にスケッチする場合は，それに従えばよい。顕微鏡で観察すると，細胞などがたくさん見えることがあるが，必要な部分だけをスケッチすればよい。

(2) 教科書や資料集などで，それぞれの名称を確認

しておくこと。

(3) ① 植物のなかまがあてはまる。
　　② ウは「べん毛」を使って動く。

003　ウ

解説　自分で動かせるものを観察するときは，観察するものを手に持ち，それを前後に動かしてピントを合わせる。野外で樹木など動かせないものを観察するときは，自分の頭を前後に動かしてピントを合わせる。

004　(1) イ　　　(2) a…②　　b…⑤

解説　(1) 双眼実体顕微鏡は光学顕微鏡と違い，両目で観察する。そのため立体的に見える。接眼レンズの倍率が2倍，対物レンズの倍率が10倍で観察することが多い。植物や昆虫のつくり，岩石を観察するのに適している。

(2) ①は接眼レンズ，③はステージ，④は微動ねじである。

　　双眼実体顕微鏡の使い方は，次のような順序である。

Ⅰ…自分の目の幅に接眼レンズを合わせる。

Ⅱ…試料をステージの上にのせ，そ動ねじでおよそのピントを合わせる。

Ⅲ…右目は，微動ねじでピントを合わせる。

Ⅳ…左目は，視度調節リングでピントを合わせる。

　　顕微鏡と双眼実体顕微鏡では部品の名称やピントの合わせ方が異なるので，それぞれ区別しておくこと。

⊿ 得点アップ

顕微鏡…倍率は20～600倍で，平面的に見える。
双眼実体顕微鏡…倍率は20～40倍で，立体的に見える。

005　ア

解説　Aは南側にさえぎるものがないので，日当たりはよい。Bは校舎にさえぎられるので，Aに比べて日当たりは悪い。タンポポは日当たりのよい場所におもに生え，ゼニゴケは日当たりが悪くしめった場所に生える。

006 (1) 名称…ゾウリムシ　　大きさ…イ
　　　(2) ウ

解説 (1) ゾウリムシの体長は約 0.2 mm である。
(2) ア…生物が最も避けているのは 0.05% 水酸化ナトリウム水溶液なので，正しい。

イ…400 倍にうすめた酢のほうが，生物がより集まっているので，正しい。

ウ…100 倍にうすめた酢をしみこませたろ紙を置いたとき，図1の生物がろ紙を避けているので，誤りとわかる。

エ…生物の散らばり方を比較すると，水のときが溶液に最も近い。よって，生物が生活する環境に最も近いのは水であるという仮説が立てられる。

オ…生物の散らばり方を比較すると，ろ紙にしみこませた水溶液によって変化していることがわかるので，正しいとわかる。

---

007 (1) $\frac{1}{4}$倍 [0.25 倍]
　　　(2) 毎分 51 mm　　(3) 時速 30.6 km

解説 (1) 倍率が $\frac{1}{4}$ になると距離が 4 倍になる。そのため速さが $\frac{1}{4}$ 倍になったように見える。
(2) 50 目盛りの長さは次のようになる。
$$2.04 \div 60 \times 50 = 1.7 \text{ mm}$$
1.7 mm の距離を 2 秒で通過したので，速度は
$$1.7 \text{ mm} \div 2\text{s} = 0.85 \text{ mm/s}$$
となる。求めるのは分速なので，これを 60 倍する。
$$0.85 \text{ mm/s} \times 60 = 51 \text{ mm/分}$$
(3) (2)で求めた速さを時速に直すと，次のようになる。
$$51 \text{ mm/分} \times 60 = 3060 \text{ mm/h}$$
180 cm = 1800 mm より，1800 mm ÷ 0.18 mm = 10000 となり，身長は 10000 倍になる。問題文より身長が 10 倍になると同じ時間内に進む距離が 10 倍になることがわかる。よって，時速は次のようになる。
$$3060 \text{ mm/h} \times 10000 = 30600000 \text{ mm/h}$$
求める時速は km なので，km に直す必要がある。
1 km = 1000000 mm なので，
$$30600000 \div 1000000 = 30.6 \text{ km/h}$$
となる。

008 (1) アとエ　　(2) $\frac{64}{9}$ 倍

解説 (1) 接眼レンズは長いほうが倍率が低く，対物レンズは長いほうが倍率が高い。そのため，接眼レンズはアが 15 倍，イが 10 倍，ウが 5 倍であり，対物レンズはエが 7 倍，オが 15 倍，カが 40 倍となる。

接眼レンズ，対物レンズはともに 3 種類ずつあるので，組み合わせは 9 通りである。アーエで 105 倍，アーオで 225 倍，アーカで 600 倍である。同様にして，イーエで 70 倍，イーオで 150 倍，イーカで 400 倍，ウーエで 35 倍，ウーオで 75 倍，ウーカで 200 倍となる。このうち，4 番目に倍率が低いのはアーエの 105 倍である。
(2) 倍率は $40 \div 15 = \frac{8}{3}$ 倍なので，面積は
$$\frac{8}{3} \times \frac{8}{3} = \frac{64}{9} \text{倍}$$
となる。

---

009 ア

解説 接眼レンズと対物レンズでは，接眼レンズを先につける。接眼レンズをつけない状態だと，鏡筒からごみなどが入る。反射鏡で明るさを調節するのは，両方のレンズを取りつけた後である。プレパラートを置くのはこの後である。しぼりで明るさを調節するのは，ピントを合わせた後である。

調節ねじはステージまたは鏡筒を上下に動かすためにある(光学顕微鏡には，ステージを上下に移動させるタイプと，鏡筒を上下に移動させるタイプがある)。

2　植物のからだのつくりとなかま分け

010 (1) ア…子房　　イ…胚珠
　　　　ウ…柱頭[めしべ]
　　　　エ…やく[おしべ]　　オ…がく
　　　(2) イチョウ…b　　マツ…c
　　　(3) りん片…d　　あのはたらき…エ

解説 (1) 図1のイは種子になる部分である。
(2) イチョウでは，ぎんなんができるほうが雌花である。マツでは，まつかさができるほうが雌花である。

(3) あは花粉が入っているので，このりん片は雄花のものである。雌花のりん片には胚珠がついている。マツの雌花は枝の先端についている。

📝 **得点アップ**

▶子房と胚珠
子房…果実になる部分（裸子植物にはない）
胚珠…種子になる部分

---

011 1…2　　2…双子葉　　3…1
　　　4…単子葉
　　　A…イ，オ　　B…ウ，カ

解説 イチョウとスギは裸子植物である。

---

012 (1) ① B　　Ⅱ A
　　　(2) ア

解説 (1) 「胞子でふえる」のは，シダ植物とコケ植物の共通点。「根・茎・葉の区別がある」のはシダ植物だけの特徴
(2) コケ植物には，根・茎・葉の区別がない。Yの部分は「仮根」というからだを支える器官である。

---

013 (1) 右図

地面

(2) 胞子をつくり，なかまをふやしている。
(3) ア

解説 (1) 葉脈が平行なので，単子葉類であることがわかる。単子葉類の根はひげ根である。ひげ根は太さがほぼ同じである。
(2) 胞子のうから放出される胞子でふえる。
(3) 被子植物であるスズメノカタビラとコケ植物であるゼニゴケでは，つくりが大きく異なるが，ともに陸上で生活する植物である。

---

014 ①カ　②ア

解説 Aがシダ植物，Bがコケ植物，Cが裸子植物，

Dが藻類である。コケ植物と藻類にあてはまるのは，選択肢のうちイとカである。このうち，シダ植物にあてはまらないのはカである。イチョウは種子植物で，それ以外は胞子でふえる植物である。よって，Cだけにあてはまるのはアである。

📝 **得点アップ**

▶種子をつくらない植物と藻類の特徴
・シダ植物…根・茎・葉の区別がある。地上で生活する。
・コケ植物…根・茎・葉の区別がない。水をからだの表面から吸収する。雄株と雌株がある。
・藻類…根・茎・葉の区別がない。水をからだの表面から吸収する。水中で生活する。

---

015 (1) 記号…ア，イ，オ，キ，ク
　　　名前…種子植物
　　　(2) 記号…ア，キ　名前…裸子植物

解説 (1) 花を咲かせる植物はすべて種子でふえる植物である。選択肢のうち，ウはシダ植物，エは藻類，カはコケ植物である。
(2) 胚珠が子房に包まれていないのは，裸子植物である。アはマツ，キはイチョウで，いずれも代表的な裸子植物である。

---

016 (1) 植物…イヌワラビ，ゼニゴケ
　　　つくるもの…胞子
　　　(2) 植物…イチョウ，マツ
　　　特徴…胚珠が子房に包まれていない。
　　　(3) ①イネ　②葉…イ　根…ウ

解説 (1) 種子をつくらない植物は，花が咲かないので種子ができない。そのかわり，胞子をつくって子孫をふやしていく。
(2) 裸子植物の花の特徴としてはほかにも，花弁やがくがない，風媒花が多いということもあげられる。がくは花弁を支えるものなので，花弁がなければがくも必要ない。ただし，イネのように種子植物でも花弁のない花もあるので，花弁があるかどうかは裸子植物だけの特徴とはいえない。
(3)①② 単子葉類か双子葉類かは，根・葉に注目すればよい。

017 (1) e…胞子のう　　f…胞子
(2) c
(3) 根，茎，葉

解説 (1) 胞子のうは葉の裏側にある。シダ植物の葉の裏側には胞子のうが多数ついている部分があり，胞子のう群とよばれる。葉の裏側に胞子が直接ついているわけではないので，注意すること。
(2) ジャガイモのいもは地下茎とよばれる茎の一部で，栄養分がたくわえられている。
シダ植物の茎は地下にあり，図1のcの部分である。シダ植物の葉の部分は図1のaとbで，根はdである。シダ植物については，茎と葉，茎と根の区別をまちがえないようにすること。
(3) シダ植物は根，茎，葉の区別があるが，コケ植物には根・茎・葉の区別がない。

018 (1) ウ　　(2) ウ

解説 (1) タマネギの葉脈は平行脈である。このことから単子葉類のなかまとわかる。選択肢のうち，単子葉類はユリである。ユリは生花店で見られるので，葉を見てみるとよい。ユリの葉は平行脈である。
エンドウとタンポポは双子葉類，スギとイチョウは裸子植物である。
(2) イはツユクサ，エはスギナ，オはスイセンである。エは日常生活では「つくし」と呼ばれているが，植物の名称としてはスギナである。エの図は，スギナの胞子をつくる部分を示したものである。

019 (1) A…ア，オ，ケ，コ
B…サ，シ，ス，セ，タ
C…イ，カ，キ
D…エ，ク，ソ
E…ウ
(2) ① 双子葉類　　② 被子植物

解説 (1) A…裸子植物は木が多い。
B…葉脈が平行脈のものを探すとわかりやすい。
C…双子葉類のうち，花弁が1枚1枚分かれているものを探す。
D…双子葉類のうち，花弁が1つになっているものを探す。
E…シダ植物，コケ植物があてはまる。

(2)① 離弁花類と合弁花類を含むのは双子葉類である。①の文に書かれた子葉，葉脈，根の説明はすべて双子葉類の特徴である。
② 胚珠が子房に包まれているのは被子植物である。被子植物には単子葉類と双子葉類がある。

020 (1) ア…種子植物　　イ…被子植物
(2) ウ…コケ植物，スギゴケ
エ…シダ植物，イヌワラビ
オ…裸子植物，スギ
カ…単子葉類，イネ
キ…双子葉類，アサガオ

解説 (1) ア…花が咲く植物は，種子で子孫を増やしていく植物である。
イ…胚珠が子房に包まれているのは被子植物である。
(2) 空欄のすぐ近くにある記述を手がかりに答えるとよい。
ウ…根・茎・葉の区別がなく，陸上生活をするのはコケ植物である。
エ…花が咲かない植物で，根・茎・葉の区別があるのはシダ植物である。
オ…胚珠がむき出しの植物は裸子植物である。
カ…子葉が1枚の植物は，単子葉類である。
キ…子葉が2枚の植物は双子葉類である。
スギは裸子植物，スギゴケはコケ植物，イヌワラビはシダ植物，イネは単子葉類，アサガオは双子葉類である。
(注)現在では，藻類は植物とは別のグループとして扱われているが，葉緑体をもち，光合成を行って養分をつくっている。

021 (1) a…オ　　b…イ　　c…エ
(2) ア，ウ，カ　　(3) 花粉のう
(4) 花粉…イ　　たね…カ
(5) あ 2つ　　い たまご形
(6) イ，オ，ケ

解説 (1) マツは新しい枝の先端に雌花を，枝の下のほうに雄花をつける。
(2) ウメ，ツユクサ，ナズナは花弁をもつ。本問は消去法で考えるとよい。
(3) 花粉が入っている部分を花粉のうという。
(4) クロマツの花粉には，2つの空気袋がついてい

る。アはカエデの種子，エはタンポポの種子である。

(5) マツのりん片や花の形は教科書などで確認しておくこと。

(6) スギナ，ワラビはシダ植物である。クルミ，カシ，クリ，タケ，ブナは被子植物である。

📗得点アップ

▶代表的な裸子植物

マツ，スギ，イチョウ，ソテツ

（マツとスギは雌雄同株，イチョウとソテツは雌雄異株である。）

---

022 カ

解説 図はスギナの形態の1つで，春によく見られ，「つくし」という名前で親しまれている。つまり，スギナと同じシダ植物のゼンマイが正解となる。

---

023 右図

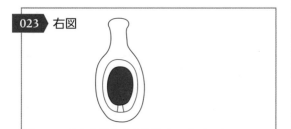

解説 図Bの斜線部はサクラの果実の中の種子である。図Aのめしべで，下方のふくらみが子房であり，その内部にある胚珠が種子になる。対応するのは，この部分である。

---

024 (1) ア…根毛　イ…側根
(2) イ

解説 (1) 根毛は若い根の先端近くに見られる。
(2) ダイコンの白くて太い根は主根である。主根から出ている根なので，側根だとわかる。

---

025 (1) a…イ　　b…ア　　c…イ
(2) カ，キ
(3) ア…②，やく[おしべ]
　　イ…①，柱頭[めしべ]
　　ウ…⑤，子房
　　エ…④，がく[かん毛]

---

(4) ア…200　　イ…2000

解説 (1) 双子葉類と単子葉類の特徴の違いを理解する。

	双子葉類	単子葉類
子葉の数	2	1
葉脈	網状脈	平行脈
根	主根と側根	ひげ根
例	アブラナ タンポポ エンドウ ホウセンカ	イネ トウモロコシ ツユクサ チューリップ

(2) キク科の花は，小さな花が集まって1つの大きな花のように見えている。

(3) タンポポの花はがく(かん毛)より下に子房がある。受粉後，この子房に種子ができ，がく(かん毛)が綿毛となる。

(4) 草原は200 m^2，正方形の1区画は1 m^2 とあるので，1区画の面積は草原全体の200分の1。

　よって，草原全体の個体数は，1区画の平均個体数の200倍となるから，

$$(11 + 10 + 8 + 12 + 9) \div 5 \times 200 = 2000$$

📗得点アップ

▶キク科

タンポポと同様に合弁花であり，多数の花が集まって1つの花のように見える。

キク・タンポポ・ヒマワリ・コスモス・ハルジオン・マーガレット・ダリア　など

---

026 (1) ① 胚珠　　② 子房
(2) B…裸子植物
　　C…被子植物
　　D…単子葉類
　　E…双子葉類
(3) ア
(4) H…ア，エ
　　J…ウ，オ
　　K…イ

解説 (1) 図のBとCの特徴を述べた文がヒントになる。種子植物は裸子植物と被子植物に分けられる。

(2) 被子植物はさらに，子葉の数で分けられる。双子葉類はさらに，合弁花類と離弁花類に分けられる。

(3) 双子葉類の葉は網状脈で，根には主根と側根がある。

(4) ナズナはアブラナと同じなかまで，花弁はともに4枚である。

選択肢イ，ウ，オのうち，花弁の形が異なるのはエンドウである。マメのなかまの花は，形の異なる花弁が3種類ある。

サクラとウメはともに花弁が5枚で，どの花弁も同じ形をしている。サクラとウメは同じなかまである。

⑦ 得点アップ

▶花弁の枚数

・単子葉類…3の倍数(ユリ，チューリップなど) か，花弁なし(イネ，トウモロコシなど)

・双子葉類…4枚(アブラナ，ナズナなど) 5枚(エンドウ，サクラ，ウメなど)

---

027 (1) B，サ　(2) I，エ
(3) G，キ　(4) C，シ
(5) J，ク　(6) A，ケ
(7) L，コ　(8) D，イ

解説 ブナは示相化石でも登場。社会の学習事項も世界遺産などが参考になる。以下の文中のヒントから導く。

(1) 常緑針葉樹，正月飾りの門松，人工栽培が困難なため高価なマツタケ。

(2) 街路樹，葉は扇形，黄色の落葉高木，生きた化石，ぎんなんは銀杏と書き「いちょう」とも読む。

(3) マングローブ林(主に東南アジアに見られる水辺の森林)，ソテツは陸上に生えることから，消去法でオヒルギとわかる。

(4) 常緑針葉樹，屋久杉，秋田杉，吉野杉，花粉症。

(5) 実が動物のえさ，白神山地のブナ原生林。

(6) シダのなかま，つくしといえばスギナ。

(7) 知床の昆布，乾物，だし。同じ海藻のワカメは味噌汁に入れてもだしには使えない。

(8) 紅色の海藻で養殖，細断して天日干し，などからノリ(海苔)とわかる。

なお，正解以外では，Eソテツがウ，Fワカメがカ，Hゼンマイがア，Kワラビがオ。特にゼンマイは，「ゼンマイばね」(薄い金属板をうずまき状に巻いたもの)の由来のとおり，図アのように，伸びた葉先の巻いている形状が特徴的。「薇」，「蕨」ともに昔から食される山菜である。

---

028 (1) エ
(2) キ，ク
(3) オ
(4) イ，コ
(5) エ

解説 (1) 裸子植物の特徴である。

(2) シダ植物，コケ植物の特徴である。

(3) 単子葉類の特徴である。

(4) 選択肢のうち，双子葉類はア，イ，コである。そのうち，花弁が分かれるのはイ，コである。

(5) 雄花，雌花があるのは裸子植物やヘチマなどである。

---

029 ① ア　② エ

解説 ① 葉脈と根から単子葉類とわかる。選択肢ア，イ，ウのうち，単子葉類はアである。

本問ではアが単子葉類，イが双子葉類，ウが裸子植物なので，すべて異なる種類の植物であることがわかる。

② ジャガイモのイモは茎で，地下茎とよばれる。

本問ではジャガイモ以外の植物については，名前を聞いたことがあるだけという人も多いかもしれないが，表に書かれた特徴をもとに分類できるので，落ち着いて取り組むようにしたい。

3 動物のからだつくりとなかま分け

030
(1) 犬歯…c　　臼歯…a
(2) 草をすりつぶすのに役立つ。

解説 (2) ライオンのような肉食動物は, 獲物の肉を切り裂く犬歯が発達し, シマウマのような草食動物は, 草をすりつぶす臼歯が発達している。

031
(1) 右図

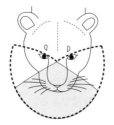

(2) 肉食動物などの敵をすばやく見つけ, 逃げることができる。

解説 (1) 両目で見える部分が, 立体的に見える範囲である。
(2) 危険から身を守るために役立っている。

032
(1) b　　(2) ア
(3) カナヘビ…うろこでおおわれている。
ダルマガエル…うすい粘膜でおおわれている。

033
(1) 無脊椎動物
(2) 外骨格
(3) ① 外とう膜
　　② ウ

解説 (1)(2) 無脊椎動物のうち, 節足動物はからだの外側が殻でおおわれており, これを外骨格という。
(3) ① 軟体動物でイカ, 貝などの内臓をおおう, やわらかい膜を外とう膜という。
② イカはえらで呼吸する。えらは, 水の中に溶けているわずかな酸素を体内に取り入れる必要があるため, 表面積が大きくなるように, 毛のようなつくりが集まっている。

034
(1) 脊椎動物
(2) ① イ　　② エ　　③ オ
　　④ ア　　⑤ ウ　　⑥ カ
(3) ア　　(4) ア
(5) は虫類

解説 (2) 哺乳類のみ胎生でその他は卵生である。水中に殻のない卵をうむのは, 魚類, 両生類, 陸上に殻のある卵をうむのは, は虫類, 鳥類である。一生えらで呼吸するのは魚類, 親は肺と皮ふ, 子はえらで呼吸するのは両生類である。
(3) フナは魚類で, 魚類のからだの表面はうろこでおおわれている。
(4) 両生類を選ぶ。イはは虫類, ウは鳥類, エは哺乳類である。

035
(1) 図1…コジュリン
　　図2…ニホンモモンガ
(2) シロマダラ, コジュリン
(3) 犬歯が発達しているため。

解説 (1)(2) 表の項目より, ニホンモモンガは哺乳類, シロマダラはは虫類, ベッコウサンショウウオは両生類, オヤニラミは魚類, コジュリンは鳥類である。殻のある卵をうむのは, は虫類と鳥類である。
(3) 肉食動物は, 目が前方についている, 犬歯が発達しているなどの特徴がある。

036
(1) 軟体動物　　(2) 外とう膜
(3) A　　(4) 図2…F　　図3…L
(5) J
(6) 内臓を傷つけないようにするため。

解説 (1) イカ・タコ, 貝類のなかまを軟体動物という。
(2) イカの内臓を包む膜を外とう膜という。なお, 外套はコートの和語。
(3) 貝類の外とう膜はA。なお, Eは足。
(4) 図1の②はえら。図2ではFが, 図3ではLが該当する。効率よく水から酸素が吸収できるよう, 表面積を大きくする毛のようなつくりになっている。
(5) 図1の③は肝臓。図3ではJが該当する。消化管の近くにある。G・Hは浮き袋, Iは精巣か

卵巣，K は心臓。

(6) とがった刃は内臓を傷つけるおそれがあるため，解剖ばさみは，先が丸い方をからだに入れて使う。

---

037 ア，イ，ウ

解説 A 群が臼歯，B 群が門歯，C 群が犬歯である。エは，カバは草食動物であるが門歯，犬歯も発達しており誤り。オは，ウマの門歯はするどく発達しており，ウシは上の門歯がないので誤り。

⊅ 得点アップ

▶歯の形

　ヒトの永久歯は上下合わせて32本で，20本が臼歯であり，そのなかには親知らずとも呼ばれる4本が含まれ，これは生えてこない人もいる。門歯は，わたしたちが，ふだん前歯と呼んでいる歯で，正面の上下に4本ずつの計8本ある。門歯と臼歯の間にある歯が犬歯であり，上下に2本ずつの計4本ある。一般的に草食動物では臼歯が大きく発達し，門歯も発達している。それに対して肉食動物では犬歯が大きく発達し，臼歯はとがっていることが多い。肉も草も食べるヒグマのような動物の歯は，草食動物と肉食動物の中間の形となっていて，どの歯も平均的に発達している。キリン・ウシ・ゾウのように特殊な歯の構造をもつ動物も多く，歯の形や本数は，生きていくための食物を取るために適した形となっている。

---

038 (1) オ　　(2) ウ
　　　　(3) ア　　(4) オ

解説 (1) ゾウのふんは球形で，大きさはゾウのからだの大きさから予想するとよい。

(2) ゾウ，ウマは草食動物であり，草をすりつぶすために臼歯が発達している。スケッチから，平たくて小さいデコボコがあることがわかる。

(3) 草食動物は，繊維が多く消化されにくい草を食べるため，一般に，肉食動物に比べ消化管が長い。ウ…キツネは小形であるが，消化管は体長に比べて短い。

オ…ヒツジとヒトは体重が似ているが，体長と比べた消化管の長さには大きな違いがある。

---

(4) ウは，体重と心臓の拍動数の積は一定ではないので誤り。エは，体重と拍動数は比例関係にはないので誤り。

---

039 イワシ…エ　　アジ…イ

解説 アジは尾ひれのつけ根からえらのあたりまでのびるかたいうろこ(ぜいご)が特徴である。

---

040 (1) ⑤　　(2) ④
　　　　(3) A　　(4) 脱皮

解説 (1) A…脊椎動物　B…メダカ・トカゲにはうろこが，カラスには羽毛がある。　C…水辺で生活するカニはえら呼吸である。メダカもえら呼吸。　D…クジラは哺乳類で胎生。　E…カラス・クジラは体温をほぼ一定に保てる恒温動物。F…クモ・カニの節足動物はからだの外にかたい骨格をもつため，外骨格。脊椎動物は背骨などからだの内側に骨格をもつため，内骨格。

(2) ④以外の誤りは，①…イモリは両生類，②…コウモリは哺乳類，③…イカは軟体動物，モルモットは哺乳類，⑤…カエルは両生類，カモノハシは哺乳類，⑥…イルカは哺乳類，ミジンコは甲殻類(カニのなかま)，⑦…エビは甲殻類，ミミズは無脊椎動物の環形動物，⑧…ムササビは哺乳類。

(3) オオサンショウウオは両生類。子は魚類と似た特徴をもつが，成体はカエルと似た特徴をもつため，BやCは不適切で，Aが適切。

(4) 節足動物では外骨格によりからだの大きさが制限されるため，成長とともに脱皮を行い，外骨格を再形成する。なお，昆虫類や多くの甲殻類で行われる変態は，クモ類ではダニが例外的に変態をするのみで，その他のクモは変態をしない。カニも，サワガニなど淡水の種の多くは卵の中で変態し，成体として孵化する。つまり，「変態」は不適切で「脱皮」が正解。

---

041 (1) E　　(2) ウ

解説 (1) Aのミジンコは②の特徴をもつ節足動物のなかまで，エビやカニのなかまである。

(2) フナは魚類，タコ，イカは軟体動物である。

第1回 実力テスト

1 (1) ア
(2) ウ→エ→ア→イ
(3) （あ）柱頭　　（い）胚珠

解説 (1) ルーペは目に近づけて使う。手に持てるものならばそちらを動かし、重いもの(巨石など)や生育したまま観察するもの(樹皮など)ならば自分が動いてピントを合わせる。
(2) アブラナの花は外側から中心に向かって、がく4枚、花弁4枚、おしべ6本(4長2短)、めしべ1本の順で並んでいる。
(3) アブラナのめしべは、先端を柱頭、中ほどを花柱、下方を子房という。花粉が柱頭について受粉すると、子房は果実になり、子房の中の胚珠は種子になる。

2 (1) A, D
(2) X…軟体動物　　Y…エ
(3) 外骨格には、からだを保護する[支える]はたらきがある。

解説 (1) Aウミガメは虫類、Dアジは魚類。その他は背骨が無い。
(2) 外とう膜は軟体動物の特徴。ハマグリなどの貝類は、内臓を包む外とう膜の外側に貝殻をもつ。なお、ウニは棘皮動物、カブトムシは節足動物の昆虫類、クモは節足動物のクモ類。
(3) 節足動物がもつかたい殻である外骨格は、からだを支えたり、保護したりする。問題文の「殻の名称を明らかに」の指示を守ること。

3 (1) Ⅰ…コ　　Ⅱ…イ　　Ⅲ…オ
Ⅳ…シ　　Ⅴ…カ
(2) ① 炭酸カルシウム　　② 気門
③ 側線
(3) あ ア　　い イ

解説 (1) Ⅰ…カニなどの甲殻類。ミジンコは微小な甲殻類。
Ⅱ…貝殻をつくることから、軟体動物。カワニナは淡水に生息する巻貝の一種でホタルの幼虫のえさになり、水質調査の指標生物になる。

Ⅲ…昆虫類。タガメは水生の大形昆虫で、2020年2月から絶滅危惧種となっている。
Ⅳ…鳥類。スズメが該当。
Ⅴ…魚類。メダカが該当。
(2) ① 貝殻の主成分は炭酸カルシウム。
② 昆虫の腹部の表面には気門という小さな穴があり、ここから空気を体内に取り入れる。気門は体内に張り巡らされた気管とつながっている。
③ 魚類は体表の両脇に側線という感覚器官が並んでおり、水圧や水流の変化を感じ取ることができる。
(3) あ Ⅳは鳥類で、肺呼吸。
い Ⅴは魚類で、えら呼吸。

㋐ 得点アップ

▶炭酸カルシウム

石灰石の主成分で、塩酸をかけると二酸化炭素を発生する。また、石灰水(水酸化カルシウム水溶液)に二酸化炭素を通したときに生じる白いにごりは炭酸カルシウム。水に溶けない。貝殻、卵の殻、骨、サンゴ礁などにも含まれる。

4 (1) ①…ス　　②…セ　　③…ウ
④…エ　　⑤…ソ　　⑥…タ
⑦…ク　　⑧…キ　　⑨…コ
⑩…サ
(2) B…c, g　　C…b, h
D…e, k　　E…f　　F…d, j
(3) O…裸子植物
P…双子葉類
Q…合弁花類

解説 (1) 表の項目を見ると、②から先のほうが細かく分類されている。このため、①、②は種子に関することであると推定できる。①が種子をつくらない植物で、②が種子植物である。①が種子をつくらない植物で、2つに分類されていることから、③、④は生活する場所に関することだとわかる。③がエで④がウ、あるいは③がウで④がエの2通りが考えられるが、(2)より、Bの植物が2種なので、③がウ、④がエとなる。⑤、⑥は種子植物のなかの大きな分類なので、胚珠に関することだと推定できる。⑥の先が細かく分類されているので、⑤がソ、⑥がタとわかる。被子植物のなかの

分類では，子葉に関することがまず出てくる。⑦の先が2つに分けられているので，⑦がク，⑧がキとわかる。⑦が双子葉類なので，⑨と⑩は花弁に関することだとわかる。(2)より，Eが1種なので，⑨がコ，⑩がサとわかる。

　本問では(2)と合わせて考えないと答えが決まらないものがあるが，そのような場合はいったん保留しておいて先に(2)を解いたあと元に戻って考えればよい。

(2)　Bがシダ植物，コケ植物なので，cとgである。Cは裸子植物なので，b，hである。Dは合弁花類なので，eとk，Eは離弁花類なので，fである。Fは単子葉類なので，dとjである。

(3)　(2)より，Oは裸子植物，Pは双子葉類，Qは合弁花類である。

2編　身のまわりの物質

1　物質の性質

042　(1)　ア→カ→エ→オ→イ→ウ

　　　(2)　ウ…反時計回り　オ…反時計回り

　　　(3)　ウ

解説　(1)　ほかの注意点としては，元栓を開く前に，ねじX，Yが動くかどうか必ず確かめる。実際に火をつけてから空気調節ねじが動かないということがよくあるので，この確認を忘れないようにすること。

(2)　ねじを閉めるときは上から見て時計回り（右回り）で，開くときは反時計回り（左回り）である。

(3)　炎がオレンジ色だと空気が足りず，不完全燃焼である。この炎では温度が低く，器具にすすがつくので，青い炎にする必要がある。

043　(1)　ウ　　(2)　ア，イ

解説　(1)　こまごめピペットは，人さし指と親指でゴムの部分をはさむようにして持つ。そして親指の力を抜いて液を吸い上げる。アは小指，薬指，中指で押しているので誤りである。

(2)　液体を吸いこむときは，目盛りを見て必要な分だけ取るようにする。液体を吸いこんだこまごめピペットを逆さまにすると，ゴムに液体が入りゴムが傷む。液体が危険な薬品の場合もあるので，液体を注ぐときはゆっくりと注ぐ。

044　エ

解説　上皿てんびんを使わない場合，皿は一方に重ねておく。よってエは誤りである。

ア…上皿てんびんに限らず，実験器具は水平なところで使用する。よって正しい。

イ…皿を両側にのせて，ふれ方が左右等しくなかったら，調節ねじを回して調整する。よって正しい。つり合いを確かめるために指針が止まるのを待つ必要はない。

ウ…粉末をはかり取るときは，粉末を増やしたり減らしたりする。そのため，粉末がきき腕の側にあるほうが作業しやすい。右ききなら，粉末は右の皿にのせることになる。左ききなら，その反対に

なる。よって，正しい。また，粉末の薬品をはか
り取るときは薬包紙を用いるが，両方の皿に薬包
紙をのせるようにする。薬品をのせる皿にだけ薬
包紙をのせると，薬品と薬包紙の質量をはかり取
ることになり，薬品を必要な分だけはかり取った
ことにはならない。

---

045 (1) オ　　(2) ウ

解説 (1)　メスシリンダーで液体の体積をはかると
きには，両端の盛り上がったところではなく平ら
な液面のところで読む。目盛りは 10 分の 1 まで
読み取る。
(2)　1 目盛りが $2\,cm^3$ である点に注意する。$54\,cm^3$
と $56\,cm^3$ の中間よりもやや下に水面がある。

---

046 (1) X…砂糖　　Y…デンプン
　　　　Z…食塩
　　(2) 有機物

解説 (1)　①で青紫色になったことから，Y はデン
プンとわかる。②で燃えなかったことから，Z は
食塩とわかる。
(2)　燃えて二酸化炭素を発生するのが有機物の特徴
である。食塩のおもな成分は塩化ナトリウムで，
塩化ナトリウムには炭素は含まれていない。

---

047 (1) イ　　(2) マグネシウム，銅
　　(3) 磁石を近づける。

解説 (1)　ろうそくを燃やすと二酸化炭素が発生す
るが，金属を燃やしても二酸化炭素は発生しない。
ろうそくは有機物で炭素を含むが，金属は無機物
で炭素を含まないためである。
(2)　硫黄，アンモニア，炭素，塩素は金属ではない。
このように金属でないものをまとめて非金属とい
う。
(3)　磁石につくのは鉄である。スチール缶は鉄なの
で磁石につく。このことを利用してアルミニウム
缶とスチール缶を区別できる。すべての金属が磁
石につくわけではないので注意すること。

⏎ 得点アップ
▶有機物と無機物
・有機物…炭素を含み，燃えると二酸化炭素を
　　　　　発生する。エタノール，砂糖，プラ
　　　　　スチック，木など。
・無機物…燃えても二酸化炭素を発生しない。
　　　　　金属，気体など。
（炭素，一酸化炭素，二酸化炭素は炭素を含む
が無機物である。）

---

048 (1) 銅　　(2) ウ

解説 (1)　密度を求めると，
　　　$224\,g \div 25\,cm^3 = 8.96\,g/cm^3$
となる。表より銅だとわかる。
(2)　それぞれについて密度を求める。
　ア…$8\,g \div 1\,cm^3 = 8\,g/cm^3$
　イ…$1\,m^3 = 1000000\,cm^3$，$1\,kg = 1000\,g$ より，
　　　$7000000\,g \div 1000000\,cm^3 = 7\,g/cm^3$
　ウ…mL は cm^3 と同じである。よって，
　　　$130\,g \div 10\,cm^3 = 13\,g/cm^3$
　エ…$6000\,mg = 6\,g$ より，$6\,g \div 2\,cm^3 = 3\,g/cm^3$
　　　よって，ウが最も密度が大きい。

⏎ 得点アップ
▶質量，体積，密度の関係
　密度〔g/cm^3〕
　　　＝物質の質量〔g〕÷物質の体積〔cm^3〕
この関係を以下のように表すとわかりやすい。

質量
密度　体積

　計算するときに，求めたいものを指でかくす。
密度を求めたいときには，密度を指でかくして，
質量÷体積を計算する。質量を求めたいときに
は，質量を指でかくして，密度×体積を計算す
る。

049 (1) B　　(2) 金　　(3) 0.6cm³
　　(4) 金属名…アルミニウム
　　　　質量…8.1g

解説 (1) 同じ質量では，体積が小さいほうが密度は大きい。よって，液体Bのほうが密度が大きい。
(2) 液体に固体を入れたときに，固体が沈むのは液体より密度が大きい場合である。この場合，水銀より密度の大きい金属を選べばよい。
(3) 鉄の体積の分だけ，水位が上昇する。密度×体積＝質量なので質量を密度で割れば，体積が求められる。よって，次のようになる。
　　$5.0g ÷ 7.87g/cm³ ≒ 0.63cm³$
(4) この金属の密度は，
　　$10.80g ÷ 4cm³ = 2.7g/cm³$
である。表より，アルミニウムとわかる。密度は1cm³あたりの質量なので，3cm³ではその3倍となる。よって，求める質量は，次のようになる。
　　$2.7g/cm³ × 3cm³ = 8.1g$

050 (1) メスシリンダー　　(2) 9.5cm³

解説 (1) 物体を水に入れると，その分だけ水位が上昇する。このことを利用して体積を求めることができる。メスシリンダーでは細かい目盛りがついているので，どれだけ水位が上昇したか測ることができる。この方法は，形が複雑な物体について体積を求めるのに向いている。
　この方法で体積を求める場合，ガラスより固い物体を沈めるときに注意が必要である。本問のように物体を糸につるしてゆっくり沈めていくか，メスシリンダーを斜めにして，ゆっくりと底に落ちていくように物体を入れる。そうしないと，メスシリンダーの底が割れる危険がある。
(2) 物体Xを入れたときの目盛りは76.5cm³，物体Xを入れる前の目盛りは67.0cm³なので，体積は次のようになる。
　　$76.5cm³ - 67.0cm³ = 9.5cm³$

051 (1) ウ
　　(2) 水に溶けるとアルカリ性を示す。
　　(3) 水にひじょうによく溶ける。

解説 (1) 空気より密度が小さく，水に溶けやすいので，アンモニアは上方置換法で集める。
(2) 赤色リトマス紙を青に変える性質は，アルカリ

性である。

⤴得点アップ
▶アンモニアの性質
・水に非常によく溶け，空気より密度が小さい（上方置換法で集める）。
・水に溶けてアルカリ性を示す。
・無色で刺激臭がある。

052 (1) ア，エ　　(2) ① 21　　② 窒素

解説 (1) ア…酸素を発生させるには，二酸化マンガンとうすい過酸化水素水があればよい。よって正しい。
イ…これは二酸化炭素の性質である。二酸化炭素を容器に集め，その中に火のついた線香を入れると，線香の火は消える。二酸化炭素に消火のはたらきがあるわけではなく，酸素がないために，結果的に火が消えるのである。よって誤りである。
ウ…空気よりも軽いというのが誤りである。
エ…水に溶けにくいのは酸素の特徴である。水に溶けにくいので，水上置換法で集めるのが向いている。よって正しい。
(2) 空気中に最も多く含まれる気体は窒素で，およそ5分の4を占める。

⤴得点アップ
▶酸素の性質
・水に溶けにくく，空気より密度が大きい（水上置換法で集める）。
・無色・無臭である。

053 (1) 最初に出てくる気体には，もともと三角フラスコに入っていた空気が混ざっているから。
　　(2) 消える。　　(3) ア，エ，カ

解説 (1) 図のような装置で気体を集めるとき，最初に出てくるのは三角フラスコの中の空気なので，この空気は集めない。
(2) 酸素がないため，線香の火が消える。二酸化炭素に消火のはたらきがあるわけではない。
(3) イでは水素が，ウではアンモニアが，オでは酸素がそれぞれ発生する。

⤴得点アップ
▶二酸化炭素の性質
- 水に少し溶け，空気より密度が大きい（下方置換法か水上置換法で集める）。
- 水に少し溶けて酸性を示す。
- 無色・無臭である。

054 (1) ア　　(2) イ

解説 (1) 水素は水に溶けにくいので，水上置換法で集める。

(2) 実験を終えたいとき，鉄片の入っていたほうを傾けるとくぼみにじゃまされて鉄片は移動しない。このため，塩酸と鉄片を分けることができる。

⤴得点アップ
▶水素の性質
- 水に溶けにくく，空気より密度が小さい（水上置換法で集める）。
- 無色・無臭である。

055 (1) 酸素
　　(2) a…無色　　b…黄緑色
　　　　c…刺激臭　　d…無臭
　　(3) A…上方置換法
　　　　C…下方置換法
　　　　D…下方置換法〔水上置換法〕

解説 (1)(2) まずA〜Dがどの気体なのかを判別する。AはBTB溶液が青色になることから，水に溶けてアルカリ性を示す気体であることがわかる。アンモニアは刺激臭がある。Bは3つの特徴から酸素か水素，窒素と考えられるが，線香が激しく燃えたので酸素だとわかる。Cは刺激臭があるので，塩素だとわかる。5つの気体のうち，刺激臭があるのはアンモニアと塩素である。Dは水に少し溶けて酸性を示すことから二酸化炭素だとわかる。二酸化炭素は無臭である。

(3) アンモニアは水によく溶け，空気より軽いので上方置換法で集める。塩素は水に溶けやすく空気より重いので下方置換法で集める。二酸化炭素は空気より重いので下方置換法で集めるか，水上置換法で集める。

⤴得点アップ
▶さまざまな気体の性質
- 塩素…黄緑色で刺激臭がある。水に溶けやすく，空気より密度が大きい。水に溶けると酸性を示す。
- 二酸化硫黄…無色で刺激臭がある。水に溶けやすく，空気より密度が大きい。水に溶けると酸性を示す。

056 (1) アンモニア　　(2) ア
　　(3) アンモニアと窒素が混じっている気体を水にふれさせる。

解説 (1) 4つの気体のうち，刺激臭があるのはアンモニアである。他の気体は無臭である。

(2) 表から，Bが空気より密度が大きい気体，Cが空気とほぼ同じ密度の気体，Dが空気より密度が小さい気体とわかる。よって，Bが二酸化炭素，Cが窒素，Dが水素である。B，Cのうち，水に溶けるのはBである。

(3) アンモニアが水に溶けやすい性質を利用すればよい。窒素は水にほとんど溶けない。

⤴得点アップ
▶気体の密度（空気との比較）
- 空気より小さい…水素，アンモニア
- 空気とほぼ同じ…窒素（空気よりやや小さい）
- 空気より大きい…酸素，二酸化炭素，塩素，二酸化硫黄

▶さまざまな気体の密度の比較
小さいほうから順に
水素＜アンモニア＜空気＜酸素＜二酸化炭素

057 (1) (a) アンモニア　(b) ア
　　(2) ウ

解説 (1) 混合気体Aがいちばん水に溶けているので，アンモニアが入っているとわかる。アンモニアは水に溶けるとアルカリ性を示すので，BTB溶液を加えると青色になる。

(2) 混合気体BはAに次いで水に溶けているので，水に溶ける二酸化炭素が入っているとわかる。二酸化炭素が水に溶けるので，注射器に残っているのはおもに酸素である。選択肢のアはアンモニア，

イは酸素，エは水素を発生させる方法である。

058 イ

解説 ア…10kg ＝ 10000g である。
イ…体積が 1200 cm^3 なので，

$$8.96 g/cm^3 \times 1200 cm^3 = 10752 g$$

よって，質量が最大なのはイである。

059 ウ

解説 グラフより，密度の大きさは，水＞氷＞灯油の順になる。氷の密度は水より小さく灯油より大きいので，水に浮き，灯油に沈むことになる。

060 (1) 0.062%
(2) ① ア　　② イ

解説 (1)　1L の気体の水蒸気の質量は 0.598g で，1000 cm^3 の水の質量は 958g である。598g の水蒸気が水になるとして，このときの体積を x〔L〕とすると，次のように比例式を立てられる。

$$1L : 958g = x〔L〕: 598g$$
$$x = \frac{598}{958}L$$

1L から $\frac{598}{958}$L に変化するので，

$$\frac{598}{958} \div 1000 \times 100 ≒ 0.062\%$$

(2)　ウは気体がたまっていないので水に溶けやすいアンモニア。また，アルゴン，窒素，ヘリウムは水に溶けにくいので，同じ質量の体積を比べる。密度＝質量÷体積なので，体積＝質量÷密度となる。気体の質量は同じなので，密度が小さいほど体積は大きい。窒素は 2 番目に密度が大きいので，2 番目に体積の小さいアとなる。ヘリウムは最も密度が小さいので，最も体積の大きいイとなる。

061 (1) A…ウ　　B…イ
(2) 二酸化炭素が水に溶けたことで，ペットボトル内の気体の量が減ったから。
(3) ウ，オ，カ，キ
(4) ウ，カ，キ

解説 (1)　二酸化炭素が溶けると，石灰水は白くにごる。また，二酸化炭素の水溶液は弱酸性であり，

BTB 溶液は酸性のときに黄色を示す。
(3)　二酸化炭素は炭酸カルシウムや炭酸水素ナトリウムに塩酸を加えると発生する。炭酸カルシウムはウの貝殻や，カの大理石，キの卵の殻などに含まれる。オの重そうは炭酸水素ナトリウムのことである。

062 ろうそくの燃焼で発生した気体が上にたまっていくため。

解説 このとき発生した二酸化炭素は温度が高いので，上にたまっていく。温度の高い気体は上へ移動する。このような現象を対流という。

063 (1) 0.13g
(2) 酸素
(3) 気体 X の中に火のついた線香を入れると線香が激しく燃焼する。

解説 (1)　加熱前，試験管とその中の物質 A の質量は合計 22.99g であった。加熱後 22.79g になったことから，その差が発生した気体 X の質量と考えられる。集まった気体 X は 150mL なので，100mL あたりの質量は，以下のように計算できる。

$$(22.99 - 22.79) \times \frac{100}{150} = 0.133\cdots ≒ 0.13 g$$

(2)　(1)で求めた数値は 100mL あたり，表は密度（1mL あたり）であるため，表のそれぞれの数値を 100 倍したとき，(1)に最も近い数値の気体と考えられる。
(3)　酸素には，ものが燃えるのを助けるはたらきがある。その性質を利用して確かめる。

⑦ 得点アップ
▶酸化銀
　本問で用いられた銀と酸素が結びついたもの。加熱すると酸素と銀に分解する。加熱前は黒色だが，加熱後は灰色になる。加熱後の物質は，こすると光沢がでるため金属であると確かめられる。

064 (1) A…カ　　B…ウ　　C…エ
(2) C

解説 (1)　実験 3 より，B と C には水素か酸素のいずれかが入っているとわかる。実験 1 より，A

とCは空気よりも重いのでエ，カのいずれかで
あることがわかる。実験2からAが最も体積が
小さくなっているので，Aには水に溶けやすい気
体が入っていることがわかる。また，BとCで
はBのほうが水に溶けているので，Bには水に
溶けやすい気体が入っているとわかる。
(2) (1)より，アンモニアが入っていないのはCで
ある。

---

065 ▶ (1) A…有機物　　B…無機物
　　　　C…金属　　D…非金属
　　　　① 二酸化炭素　　② 熱
　　(2) なかま…A
　　　　同じなかま…ア，ウ，オ，カ

解説 ▶ (1) 加熱して黒くこげることから，Aは有機
物とわかる。有機物が燃えると，二酸化炭素を生
じる。物質Bは有機物以外の物質なので無機物
とわかる。みがいて光る，力を加えて伸ばせる，
電流を通しやすいという特徴から，物質Cは金
属とわかる。金属はほかにも，熱を伝えやすいと
いう特徴がある。物質Dは金属以外の物質なので，
非金属である。
(2) 砂糖やデンプンは有機物である。選択肢のなか
で有機物は紙，木，ロウ，小麦粉である。生物に
由来するものは有機物である。

---

066 ▶ (1) 水素　　(2) カ　　(3) 1種類
　　(4) 1種類　　(5) ウ　　(6) ウ

解説 ▶ (1) 気体Aは水素，気体Bはアンモニア，
気体Cは二酸化炭素である。
(2) 塩化アンモニウムに水酸化カルシウムを用いて
アンモニアを発生させる場合は，加熱が必要にな
る。ただし，塩化アンモニウムと水酸化ナトリウ
ムを使ってアンモニアを発生させるときは，加熱
は不要である。
(3) アンモニアは水によく溶けるので，水上置換法
に適していない。
(4) フェノールフタレイン溶液が無色から赤色に変
化するのは，アルカリ性のときである。
(5)(6) アンモニアは水によく溶けるので，塩化水素
の水溶液である塩酸や塩化ナトリウム水溶液にも
溶ける。そのため気体Bの入った袋は気体の体
積が減少し，袋がしぼむ。

---

067 ▶ (1) 塩化アンモニウム
　　(2) 発生する液体が加熱部に逆流しない
　　　　ようにするため。（24字）
　　(3) ① ア　　② ウ　　③ イ　　④ イ
　　(4) ① カ　　② イ　　③ キ　　④ エ

解説 ▶ (1) アンモニアは水酸化カルシウムと塩化ア
ンモニウムを混ぜ，加熱して発生させる。
(2) この方法では，アンモニアのほかに水蒸気が発
生する。水蒸気が冷えて水になるので，その水が
逆流しないようにする必要がある。
　　一般的に，加熱して水が発生する場合は，この
ように試験管の口を下げて，水の逆流を防ぐよう
にする。
(3) 塩素と二酸化硫黄はともに水に溶けやすく，空
気より密度が大きい。
(4) 塩素は黄緑色で刺激臭がある。選択肢のアは窒
素，ウは二酸化炭素，オは塩化水素の特徴である。

⊅ 得点アップ

▶おもな気体の製法
・水素…うすい塩酸に金属(亜鉛，マグネシウ
　　　　ムなど)を入れる。
・アンモニア…①塩化アンモニウムと水酸化カ
　　　　　　　ルシウムを混ぜて加熱する。
　　　　　　　②塩化アンモニウムと水酸化ナ
　　　　　　　トリウムを混ぜて，水を加える。
・酸素…うすい過酸化水素水に二酸化マンガン
　　　　を加える。
・二酸化炭素…石灰石に塩酸を加える。

2 水溶液

068 (1) ① 溶質　　② 溶媒
　　　③ 溶液　　④ 水溶液
　　(2) エ

解説 (1) 食塩水など，水に物質が溶けている液を水溶液という。液体に溶けている物質を溶質，溶質を溶かしている液体を溶媒という。
(2) 時間がたつにつれて，溶質は水溶液全体に広がっていく。これは水の粒子が運動しているためである。また，いったん広がった溶質が再び元の状態にもどることはない。

⭐ 得点アップ

▶水溶液の特徴
・透明である(色がついていてもよい)。
・濃度が均一である。
・溶質が沈殿しない。

069 ア

解説 質量パーセント濃度〔%〕
$$= \frac{溶質の質量〔g〕}{溶液の質量〔g〕} \times 100$$
を使い，それぞれ濃度を求めてみる。
ア $\cdots \frac{5}{105} \times 100 = 4.76\cdots$　より 4.8%
イ $\cdots \frac{25}{1025} \times 100 = 2.43\cdots$　より 2.4%
ウ $\cdots 20\,mg = 0.02\,g$ より，
　　$\frac{0.02}{5.02} \times 100 = 0.39\cdots$　より 0.4%
エ $\cdots 1\,t = 1000\,kg = 1000000\,g$ より，
　　$\frac{5000}{1005000} \times 100 = 0.49\cdots$　より 0.5%
よってアが最も濃い水溶液である。
　濃度を比べるだけなので，ここでは小数第2位を四捨五入している。

⭐ 得点アップ

▶質量パーセント濃度
　質量パーセント濃度〔%〕
　　$= \frac{溶質の質量〔g〕}{溶液の質量〔g〕} \times 100$
これは以下のように表せる。

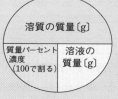

　求めたいところを指でかくして計算すればよい。ただし，濃度の数字は100で割る必要がある。
　たとえば，10%の食塩水200gに含まれる食塩の質量を求めるときは，0.1 × 200 = 20g となる。

070 (1) 80g　　(2) 50℃　　(3) エ
　　(4) 食塩は温度による溶解度の変化がほとんどないから。

解説 (1) グラフより，60℃の水100gに溶ける硝酸カリウムは110gである。すでに30g溶かしているので，残りは 110 − 30 = 80g である。
(2) ミョウバンの溶解度が35gになる温度を見つければよい。
(3) ろ過するときは，ろうとの足をビーカーの内側につけ，ガラス棒に伝わらせて水溶液を注ぐ。
　ろ過では結晶を取り出すことができるが，水に溶けている溶質はろ紙を通過していくので，ろ過では溶質を取り出すことはできない。
(4) グラフより，食塩は温度が変化しても溶解度がほとんど変化しないことがわかる。そのため，温度を下げても，結晶はほとんど出てこない。

071 (1) イ　　(2) 再結晶　　(3) ウ

解説 (1) 表は100gの水に溶ける物質の質量を示している。水が150gなので，溶ける物質の量は表の数値の1.5倍になる。1.5倍すると，アは81g，イは36g，ウは54g，エは13.5gとなる。水が150gで，溶質を溶かすと水溶液が186gになるので，あてはまるのはイである。
(2) 水溶液の温度を下げていくと，溶けきれなくなった物質が結晶となって出てくる。このことを利用して，水溶液に溶けている物質を取り出す方法を再結晶という。
(3) 溶解度の変化が小さいものは，再結晶に向かない。そのような水溶液から溶けている物質を取り

出すには，加熱して水を蒸発させる。

072 ⟩ イ

解説 この水溶液はまだ飽和してない。冷やしていき，飽和水溶液になるまでは，硝酸カリウムは出てこない。飽和水溶液になってもなお温度が下がれば，溶けきれなくなった硝酸カリウムが出てくる。水の温度が15℃でも溶解度は0にはならない。そのため，溶けている硝酸カリウムの質量は時間がたっても0にはならない。

073 ⟩ (1) 石灰水…アルカリ性
　　　　　同じ性質…イ
　　　　(2) 青色　　(3) 二酸化炭素

解説 (1) 炭酸水は水に二酸化炭素が溶けている水溶液である。このため酸性を示す。レモンにはクエン酸という酸が含まれているため，レモン水は酸性を示す。胃液には塩酸が含まれているため，酸性である。食塩水は酸性でもアルカリ性でもなく，中性である。
(2) アルカリ性の水溶液が，BTB溶液を青色に変化させる。
(3) 石灰水に二酸化炭素を通すと，石灰水が白くにごる。

074 ⟩ エ，オ

解説 アの方法で白い粉末が生じるのは，食塩水である。塩酸は水に塩化水素という気体が溶けてできた水溶液なので，アの方法では粉末は残らない。イでは，塩酸の場合水素が発生するので，他の2つの水溶液と区別できる。ウでは，塩酸のとき，青色リトマス紙が赤色に変化する。エについては，塩酸が酸性，食塩水と蒸留水が中性なので，赤色リトマス紙は関係ない。オについてであるが，実験で使う薬品は絶対に口に入れてはいけない。よって，エとオがあてはまる。

075 ⟩ (1) A…食塩水　　C…砂糖水
　　　　(2) アルカリ性　　(3) イ

解説 (1) BTB溶液の変化から，A，Cの水溶液は中性とわかる。A，Cのうち，加熱して白い物質が出てくるのは食塩水で，こげるのは砂糖水であ

る。砂糖水を加熱すると，少しずつ茶色くなっていき，ねばねばした状態になる。やがては黒くなり，こげたにおいがしてくる。
(2) 緑色のBTB溶液が青色に変わるのは，アルカリ性の水溶液のときである。
(3) 実験でにおいをかぐときには，イのようにして行う。これはにおいをかぐときに，気体，液体を問わず行う方法である。危険な薬品の場合もあるので，ア，ウの方法だと薬品が皮ふについてしまう可能性がある。

076 ⟩ (1) 蒸留　　(2) 再結晶　　(3) 26.4%

解説 (1) 塩化ナトリウム水溶液について，水と塩化ナトリウムを分離するには，加熱するとよい。塩化ナトリウム水溶液を加熱して，出てきた水蒸気を冷やせば，水を取り出すことができる。液体を加熱して気体にし，冷やして再び液体として取り出す方法を蒸留という。
(2) 塩化ナトリウム水溶液を加熱していくと，水が蒸発していく。水の量が減るので，溶けきれなくなった塩化ナトリウムが結晶となって出てくる。溶けきれなくなった物質を結晶として取り出すので，再結晶である。
(3) 元の水溶液の濃度をx〔%〕とすると，含まれる塩化ナトリウムは，$50 \times \dfrac{x}{100} = 0.5x$〔g〕となる。塩化ナトリウムは13.2gなので，$0.5x = 13.2$となる。これを解くと，$x = 26.4\%$となる。

077 ⟩ (1) オ　　(2) イ

解説 (1) 質量＝体積×密度より，この水溶液の質量は，$100\,cm^3 \times 1.07\,g/cm^3 = 107\,g$となる。このうち10%が塩化ナトリウムなので，その量は
$$107 \times \frac{10}{100} = 10.7\,g$$
となる。水は，
$$107\,g - 10.7\,g = 96.3\,g$$
となる。
(2) 蒸発させた水をx〔g〕とする。38gの結晶が出ているので，20℃の硝酸カリウム水溶液には26gの硝酸カリウムが溶けていることになる。20℃の水100gには32gの硝酸カリウムが溶けるので，以下の式を立てることができる。
$$\frac{32}{100} = \frac{26}{100 - x}$$
両辺に$(100 - x)$をかけると，次のようになる。

$$\frac{32}{100}(100 - x) = 26$$

この方程式を以下のように解いていく。

$$100 - x = 26 \times \frac{25}{8}$$
$$x = 100 - 81.25$$
$$= 18.75\text{g}$$

よって，イが最も近い。

---

078 **イ**

解説 水酸化ナトリウム水溶液100cm³の質量は，
$$100\text{cm}^3 \times 1.2\text{g/cm}^3 = 120\text{g}$$
となる。このうち20%が水酸化ナトリウムなので，
$$120 \times \frac{20}{100} = 24\text{g}$$
となる。

---

079 (1) 220g

(2) 物質…硝酸カリウム　温度…50℃

解説 (1) グラフより，60℃の水100gには硝酸カリウムは110g溶ける。水の量が2倍なので，溶ける量も2倍になる。

(2) 60℃の水100gに硝酸カリウム85g，塩化ナトリウム30gを入れて混ぜたと考える。85gのところから右にいって曲線に行き当たったところの温度を読む。

---

080 (1) エ　(2) ア　(3) ウ

解説 (1) グラフより，硝酸カリウム80gが水100gに完全に溶けるには，水温が約50℃以上になる必要がある。塩化アンモニウム60gが水100gに完全に溶けるには，水温が約70℃以上になる必要がある。このことから，冷やしたときに先に結晶が出てくるのは，塩化アンモニウムで，約70℃のときであるとわかる。

(2) グラフより，水が約50℃になると硝酸カリウムの結晶が出てくることがわかる。約70℃から約50℃まで水温が下がるときに，塩化アンモニウムがどれだけ出てくるかを見ればよい。約50℃のときの塩化アンモニウムの溶解度は50gなので，出てくる塩化アンモニウムの質量は，
$$60 - 50 = 10\text{g}$$
となる。

(3) グラフより，20℃のときに100gの水に硝酸カリウムが30g溶けることがわかるので，その値を利用する。20℃の水に溶ける混合物の質量をx

---

〔g〕とすると，含まれる硝酸カリウムの質量は
$$\frac{80}{140}x = \frac{4}{7}x\text{〔g〕}$$
となる。よって，以下のように式を立てることができる。
$$\frac{4}{7}x = 30$$
これを解くと，$x = 52.5\text{g}$ となる。よって，最も近いのはウである。

---

081 (1) ア　(2) 50g　(3) 200g
(4) ウ

解説 (1) 試料Aの温度が上がるにつれて，その中に含まれる塩化アンモニウムが水に溶けていく。塩化アンモニウムがすべて溶けたら，ガラス片のみが残る。このことより，グラフはアが適切である。

(2) 表2を見ると，50℃と60℃では，溶けずに残った固体の質量が変わっていないことがわかる。塩化アンモニウムは水の温度が上がるにつれて溶ける量が増えるので，50℃の時点ですべて塩化アンモニウムが水に溶けていると考えられる。

(3) 表1より，100gの水の温度が10℃から30℃に上がると，溶ける塩化アンモニウムの質量が8.2g増えることがわかる。表2より，10℃から30℃に上がったとき，質量が16.4g減っている。このことから，試料Aに含まれる水は200gと考えられる。

(4) 表2より，水の温度が10℃から50℃に上がると，塩化アンモニウムが23.6g溶けていることがわかる。試料A中に含まれている水の質量は200gなので，100gの水では11.8gの塩化アンモニウムが溶けることがわかる。表1より，10℃の水100gには塩化アンモニウムが33.2g溶ける。33.2＋11.8 = 45.0gより，45gの塩化アンモニウムが溶けるのは，表1より30℃から40℃の間であることがわかる。

---

082 (1) カ　(2) カ　(3) ウ　(4) ウ

解説 (1) ア～エでは加熱のとき，やけどの恐れがあり，オでははさみが開いて落ちてしまう。キは不安定である。

(2) 大きい炎を少し小さくし，黄色い炎を青くする必要がある。まず，下のガス調節ねじを右に回して少し閉め，炎を小さくしたあと，上の空気調節ねじを左に回して少し開け，空気を入れて完全燃

焼させる。

(3) 硫酸銅は青色で, 本間のように1%しか硫酸銅を含まない試料粉末の水溶液は淡い青色になる。ろ紙の上に得られた固体は, 水溶液の中にあったもので, 乾く前は水溶液が付着しており, 淡い青色に見えたと考えられる。なお, 試料粉末3g中の硫酸銅は1%。加えた水3gに対しても, 1%の質量である。つまり, 100gの水に換算すると1g相当なので, 溶け切っており, アのように結晶が混ざることはない。また, 硫酸銅と塩化ナトリウムを混ぜても, イのように塩化銅になることはない。硫酸銅・塩化銅は状態変化により高温で液体にできるが, エ・オのように室温で液体になることはない。

(4) ④の次の文から, 純粋な塩化ナトリウムを得るための操作を選ぶ。(3)のとおり, 固体表面には硫酸銅水溶液が残っているので, このまま乾かすと微量の硫酸銅が混合したままになる。だが, イのように, 無数の混ざった粒から細かな青い粒(硫酸銅)を取り除く操作は現実的でない。ウは3回に分けることで, 表面に付着した水溶液が飛躍的に薄まっていくだけでなく, 1回あたり1gの水なので, 溶けて失う塩化ナトリウムを最小にできる。エ〜カのように3g以上の水を加えてかき混ぜてしまうと, 塩化ナトリウムがほぼ溶けてしまう。特にカは完全に溶け切ってしまい, ろ紙の上に何も残らない。

⤢ 得点アップ

▶右ねじ

　ガスバーナーの調節ねじなど開閉に関わるものに右利き用の右ねじが使われている。ペットボトルのふた, 多くの分解できるペンも同じ右ねじなので, 開閉の向きに困ったら思い出そう。

3 状態変化

083 〉 (1) ①質量　　②減少　　③減少
　　　　④増加
　　　　記号…ウ
　　　(2) ウ, オ

解説 (1) 一般的に物質が固体から液体に変化するときは体積が増加するが, 質量は変化しないので,

密度は小さくなる。ただし, 水が固体から液体に変化するときは体積が減少するため, 密度は液体のほうが大きくなる。

(2) ア…表を見ると, 60℃ではどの物質も固体か液体なので, 50℃で気体の物質はない。
　イ…Aは最も融点が高い。
　ウ…110℃ではBは液体, Cは気体なので, Bのほうが沸点が高いとわかる。
　エ…Cは水の可能性がある。
　オ…−20℃でDは液体なので, 融点はそれより低いと考えられる。
　以上より, 正しいものはウ, オとなる。

084 〉 **イ**

解説 ピストンの内部では, 液体のエタノールが気体に状態変化している。ア〜エのうち, 状態変化にあたるのはイである。アとウは, 熱を加えられて体積が増加しているだけである。エでカルメ焼きがふくらむのは, 二酸化炭素が発生したためである。ふくらし粉に含まれる物質が熱によって変化して, 二酸化炭素が発生する。

085 〉 (1) ⅰ群…イ　　　ⅱ群…カ
　　　(2) 温度が変化しない (8字)

解説 (1) 空気は窒素, 酸素などの混合物である。また, グラフ中のXは, 2つの横ばいの区間の間にあるため, 液体と判断できる。固体→液体→気体と温度を高くする状態変化にともなって, 粒子の運動は活発になり, 粒子の間隔が広くなっていく。

(2) 状態変化しているとき, 加えた熱が状態変化のためだけに使われるため, 純粋な物質では, 温度が変化しない。

086 〉 1…純物質[純粋な物質]　　2…ウ
　　　3…混合物　　4…エ

解説 水は1種類の物質なので, 純物質である。塩化ナトリウム水溶液は, 水に塩化ナトリウムを溶かしてつくられたもので, 水と塩化ナトリウムが混ざっているものである。そのため塩化ナトリウム水溶液は, 混合物である。

　純物質は沸点が一定になるが, 混合物では沸点が一定にならない。

⑦ 得点アップ

▶純物質の融点・沸点

・物質によって決まっている。

・融解，沸騰しているときは，温度が上がらない（熱が融解，沸騰に使われているため）。

---

087 (1) エ　　(2) イ　　(3) ウ

解説 (1) 沸騰石には，ア，イ，オのようなはたらきはない。温まりやすさのみを考えるなら不純物がないほうがよいので，ウは誤りである。

(2) 気体となったエタノールが逃げないようにするには，冷やして液体にすればよい。そのために，Aには水を入れてある。Aにはア，オのような役割はない。また，液体のエタノールだけで他の物質と反応するようなことはないので，ウも誤りである。

(3) 純物質の場合，図2のようなグラフになる。水ならば，図2のようなグラフになり，100℃のところでグラフが平らになる。

---

088 (1) 沸点

(2) 試験管Bに取った液体に含まれるエタノールの割合は，試験管Aに取ったエタノールの割合よりも小さいから。

(3) においをかぐ。皮ふにつける。

解説 (1) 水とエタノールでは，エタノールのほうが沸点が低い。このため蒸留によってエタノールを取り出すことができる。

(2) エタノールは，引火しやすいという特徴がある。このことからエタノールの含まれる割合はBよりもAのほうが大きいことがわかる。

(3) エタノールは消毒にも使われる薬品で，皮ふにつけても大きな問題はない。エタノールを皮ふにつけると，皮ふが少しひんやりとする。また，エタノールは鼻につんとくるにおいがある。

---

089 ウ

解説 蒸留は，沸点のちがいを利用して物質を分離する方法である。ウの操作は再結晶によって行う。温度によって食塩と硝酸カリウムの溶解度が異なることを利用して，食塩と硝酸カリウムを分離することができる。

090 (1) ア　　(2) B，C　　(3) ウ

解説 (1) 密度の大きさを比べると，液体のロウ＜固体のロウ＜水となる。氷は水に浮くので，水よりも密度が小さい。よって，水の密度が最も大きいことがわかる。

(2) 物質は，固体から液体に変化すると体積が大きくなる。固体のロウが液体のロウになるとき，体積が大きくなる。そのため，固体のロウを入れたビーカーは体積が大きくなっている。例外的に，氷が水になるときは体積がやや小さくなる。

(3) 一般に，物質が液体から固体に変化するとき，体積は小さくなる。液体のロウが固体になる場合，中心部がへこむ。水の場合，氷になると体積が大きくなり，アのようになる。

---

091 (1) 約5分後

(2) パルミチン酸の沸点が水の沸点よりも高いため。

(3) ウ

解説 (1) グラフが平らになっている部分では，融解が起こっている。グラフが平らになりはじめる時間を読み取ればよい。グラフが平らになっているところでは，吸収された熱がパルミチン酸の融解に使われているため，温度が上がらない。

(2) 沸点近くまで温度が上昇すれば沸騰のようすが見られるが，そこまで温度が上昇していない。

(3) 融点は物質に固有のものである。冷やしていったときに固体になる温度と融点は同じである。そのため，グラフは加熱後20分を基準にほぼ左右対称な形となる。ア，イは融点がはっきりしておらず，エは加熱したときと冷却したときの融点が異なっているので不適である。

---

092 ガソリンや灯油などの沸点がそれぞれ異なるため。

解説 図から，さまざまな温度で物質を取り出しているようすがわかる。図の装置では，沸点の低い物質は上昇していき，沸点の高い物質は途中で液体となる。取り出す物質は上から順にガス，ガソリン，灯油，軽油となる。

093 (1) イ　　(2) 17.9 < X < 20.0
(3) ア

解説 (1)　グラフが横ばいになるところで沸騰がはじまる。このときはエタノールが沸点に達している。
(2)　エタノールのほうが先に気体になるので，フラスコに残った液体は，エタノールより水が多くなる。そのため，丸底フラスコに残っている液体の質量は，混合物より大きく水より小さい。
(3)　A ～ E に行くにつれ，徐々に水の割合が大きくなるので，質量は大きくなっていく。

094 (1) ①，②　　(2) d　　(3) 60%
(4) 固体　　(5) 2.1 J

解説 (1)　融解が終わるまで，氷は存在している。氷が水になるために熱が使われるので，このとき温度は上昇しない（グラフが平らになっている）。氷が完全に水になってから，温度が上昇していく。
(2)　沸点に達した点を選べばよい。沸点に達すると，水が水蒸気になるために熱が使われるので，このとき温度は上昇しない（融解のときと同様，グラフが平らになっている）。
(3)　グラフの③の領域で，ガスバーナーからの熱量と水が得た熱量を計算する。ガスバーナーからの熱量は毎分 35 kJ で，10 分間加熱しているので，

$$35 \text{kJ} \times 10 = 350 \text{kJ}$$

となる。水は 10 分間に 100℃ 上昇しているので，

$$500 \text{g} \times 100℃ \times 4.2 \text{J/(g・℃)} = 210000 \text{J}$$

となる。1000 J = 1 kJ なので，210000 J = 210 kJ となる。350 kJ のうち 210 kJ が水の温度上昇に使われるので，

$$\frac{210}{350} \times 100 = 60 \%$$

となる。
(4)　氷と水のどちらが温まりやすいかを比べればよい。グラフの①の領域より，氷は 1 分間で 20℃ 温度が上昇していることがわかる。グラフの③の領域より，水は 10 分間で 100℃ 温度が上昇していることがわかる。よって，1 分間では，水は 10℃ 温度が上昇していることになる。このことから，氷のほうが温まりやすいことがわかる。
(5)　(3)より，ガスバーナーの熱の 60 % が使われるので，氷の温度上昇に使われる熱量は

$$35 \text{kJ} \times 0.6 = 21 \text{kJ}$$

である。500 g の氷を 20℃ 上昇させるのに，21000 J の熱が使われる。よって，1 g の氷を 20℃ 上昇させるには

$$21000 \text{J} \div 500 = 42 \text{J}$$

の熱が必要である。1 g の氷を 1℃ 上昇させるには，

$$42 \text{J} \div 20 = 2.1 \text{J}$$

の熱が必要となる。

095 (1) 水　　(2) イ

解説 (1)　融点が 0℃，沸点が 100℃ なので，この物質は水である。水の融点，沸点はそれぞれ何℃か覚えておくこと。
(2)　グラフより，15 分後は融解の状態なので，氷が融けている途中だとわかる。氷は水に浮くので，イが適する。

第2回 実力テスト

1 (1) 26.4%
(2) A…鉄　　　C…アルミニウム
D…食塩　　F…プラスチック
H…木炭

解説 (1)　溶解度は，100 g の水に溶ける物質の質量である。100 g の水に 35.8 g の D を溶かしてできる水溶液の質量パーセント濃度を求めればよい。

$$\frac{35.8}{135.8} \times 100 ≒ 26.36$$

よって，26.4%となる。
(2)　実験 5 から，D は食塩だとわかり，実験 5 では食塩水に浮く物体と沈む物体が存在することになる。食塩水に沈む物体は食塩より密度が大きく，食塩水に浮いた物体は食塩より密度が小さいとわかる。
　実験 1 より，A が鉄とわかる。実験 2 より，B，C，H は銅，アルミニウム，木炭のいずれかであることが考えられる。実験 3 より，B，C がうすく広がったので，銅，アルミニウムのいずれかで，H が木炭とわかる。実験 4 で，B の表面には黒色の物質ができたことから，B が銅だとわかる。銅を加熱すると，黒色の物質ができる。よって，C がアルミニウムとなる。実験 5 より，D が完全に水に溶けたことから，D は食塩とわかる。実験 6 より，E を燃やしても二酸化炭素が発生しないことで，E はガラスとわかる。実験 6 より，F と

Gは二酸化炭素を発生し，実験 5 よりFは食塩水に浮いたことから，Fがプラスチック，Gは木と考えられる。

---

2 (1) A…対流　　B…4　　C…水面
　　　D…すきま
(2) 氷は水面からできるため，生物は氷の下で生きることができる。
(3) 0.87g/cm³
(4) ベンゼンの場合は小さくなるが，水の場合は大きくなる。

解説 (1)　A…水や空気を温めると，温められた水や空気は上に移動する。このため，水や空気に移動が生じ，しだいに全体が温まっていく。このような熱の伝わり方を対流という。
B・C…湖や河川では，水の表面は凍っても氷の下は水のままである。
(2)　氷ができると，氷は水よりも密度が小さいため，水に浮く。水面を氷がおおうと下の水は冷たい空気にふれなくなるため，冷えにくくなる。氷の下の水は凍らないため，生物が生きていける。
(3)　水とベンゼンの粒子の質量比は $1 : \dfrac{13}{3}$ となる。Ⅲより，水とベンゼンの粒子の体積比は 1：5 となる。よって，粒子の数が等しいとき，液体のベンゼンの質量は水の $\dfrac{13}{3}$ 倍で，体積は水の 5 倍となる。よって，
$$\dfrac{13}{3} \div 5 \fallingdotseq 0.866$$
求める密度は 0.87g/cm³ となる。
(4)　Ⅳより，ベンゼンの固体がベンゼンの液体に沈むことから，固体のほうが密度が大きいとわかる。よって，液体から固体になるとき，ベンゼンは体積が小さくなると考えられる。水の場合，氷は水に浮くので，氷のほうが密度が小さい。このため，水から氷になるときに，体積が大きくなると考えられる。

---

3 (1) オ　　(2) ク　　(3) カ　　(4) エ

解説 (1)　80℃で固体なので，融点が 80℃より高い物質を選べばよい。
(2)　80℃で液体なので，融点は 80℃より低く，沸点は 80℃より高い物質があてはまる。
(3)　80℃で気体なので，沸点が 80℃より低い物質があてはまる。

(4)　水は融点が 0℃，沸点が 100℃である。

---

4 (1) A…⑤　　B…①　　C…⑥　　D…②
　　　E…⑦　　F…③　　G…④
(2) 黄緑色　　(3) 刺激臭　　(4) ⑥
(5) C…無色　　F…無色　　G…赤色
(6) 気体B

解説 (1)　実験 1 で，色があることから，気体Aは塩素とわかる。実験 2 より，気体C，Gはアンモニアか二酸化硫黄のいずれかと考えられる。実験 4 で，気体Gを溶かした水溶液にBTB溶液を加えて青色になったことから，気体Gはアンモニアとわかる。よって，気体Cは二酸化硫黄となる。実験 3 より，気体Bは水に溶けず，実験 6 で気体Dと爆発的に反応したことから，気体Bは水素とわかる。実験 6 と実験 7 より，気体Dは酸素とわかる。実験 8 より，気体Fは二酸化炭素とわかる。気体Eは無色・無臭で水に溶けず，空気より軽いことから，窒素とわかる。
(2)　塩素は黄緑色の気体である。
(3)　塩素とアンモニア，二酸化硫黄のにおいは異なるが，いずれも刺激臭と呼んでいる。
(4)　化石燃料を燃やすことによって，中に含まれている硫黄が二酸化硫黄に変化する。この二酸化硫黄が雲の水滴に溶け，酸性雨の原因となる。
(5)　フェノールフタレイン溶液は，水溶液がアルカリ性のときに赤色になるが，それ以外のときは無色である。二酸化硫黄や二酸化炭素が水に溶けると，水溶液は酸性となる。そのため，フェノールフタレイン溶液を加えても無色のままである。
(6)　水素，窒素，アンモニアのうち最も軽いのは水素である。水素はすべての気体のなかで最も軽い。

---

5 (1) 飽和水溶液　　(2) イ
(3) イ　　(4) 60g　　(5) エ

解説 (1)　それ以上物質が溶けることができなくなった水溶液を飽和水溶液という。
(2)　グラフより，50℃のとき 100g の水に溶ける硝酸カリウムの質量は約 85g である。すでに 40g 加えているのでア～エのうち，すべて溶けて濃度が最も高くなるのはイである。
(3)　グラフより，20℃のときの硝酸カリウムの溶解度は約 30g である。20℃にするとビーカーXでは，

溶けきれなくなった硝酸カリウムが結晶となって出てくる。20℃のときの塩化ナトリウムの溶解度は約36gなので，ビーカーYでは結晶は出てこない。

(4) ビーカーAに移した水溶液は，水50gに硝酸カリウム20gが溶けている。10℃のときの溶解度は20gなので，ビーカーAに溶けることができる硝酸カリウムは10gとなる。よって，ビーカーAの水溶液の質量は，50＋10＝60gとなる。

(5) 43℃では，塩化ナトリウムの溶解度は約36gなので，この温度で68gの塩化ナトリウムを溶かすには約200gの水が必要である。43℃のときの硝酸カリウムの溶解度は約70gである。よって，水が200gあれば，硝酸カリウム68gと塩化ナトリウム68gを溶かすことができる。

---

6 ア…A　イ…B　ウ…C　エ…A
　　オ…B　カ…A　キ…黄　ク…青
　　ケ…A　コ…B　サ…C

解説 Aは空気調節ねじ，Bはガス調節ねじである。ガスバーナーに火をつける前には，すべてのねじが締まっていることと，すべてのねじが動くことを確認する必要がある。火をつけた後にAのねじが動かないことに気づくこともあるので，この確認は大切である。火をつけるときは，マッチをすり，火を近づけてからBのねじを上から見て反時計回りに回す。Bのねじを回してから火を近づけてはいけない。Bのねじを先に回していると，すでにガスが出ているため危険である。火を消すときにはAのねじ，Bのねじ，コック，元栓の順に締める。火を消すときは，ねじを強く締めすぎないように注意する。強く締めすぎると，次に使うときにねじが回らなくなることがあるためである。

炎の大きさを調節したいときは，まずAのねじを締めてからBのねじで炎の大きさを変える。両方のねじが開いたままで行うと，急に炎が消えることがある。

3編　身のまわりの現象

1　光の性質

096〉(1) イ
(2)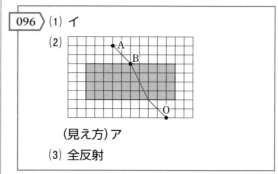
（見え方）ア
(3) 全反射

解説 (1) 入射角はエで，イは屈折角である。
(2) 1．点Aと点Bを結ぶ。2．1で引いた直線と平行で点Oを通る直線を引く。3．2の直線とガラス表面との交点と点Bを結ぶ。

097〉(1) ① ウ　　② オ
(2) 屈折角…カ　　反射角…ウ

解説 (1) 光が空気からガラスに進むときには入射角＞屈折角となり，ガラスから空気へ進むときは入射角＜屈折角となる。空気とガラスの境界面に垂線を引き，入射角と屈折角の大きさを調べるとよい。
(2) 面に垂直な線と反射光のなす角が反射角で，面に垂直な線と屈折光のなす角が屈折角である。

098〉(1) エ　　(2) 65°

解説 (1) ガラスから空気へ光が進むので，入射角＜屈折角となる。屈折角が大きくなるので，光は直進するよりもガラス寄りの道筋を通る。
(2) 切断面に垂線を引いて考える。入射光と切断面のなす角度は25°である。よって入射角は90°－25°＝65°となる。反射角は入射角に等しいので，反射角は65°である。

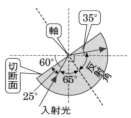

099 イ

解説 表より，凸レンズ A について，焦点距離に近づけたときに光の円が小さくなることがわかる。凸レンズ B は 2 cm 近づけると，円が 0.6 cm 小さくなっていることがわかる。このことから，凸レンズ B とタイルまでの距離が 20 cm のときに，光の円が最も小さくなると考えられる。

100 (1) 下図

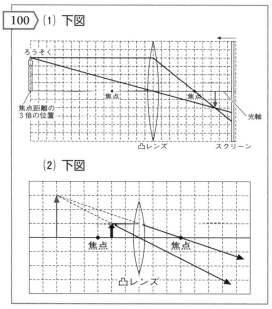

(2) 下図

解説 (1) ろうそくから出た光が凸レンズを通過する場合には，3 通りの進み方を考えればよい。
① 光軸に平行に進む光は，凸レンズで屈折し，焦点を通る。
② 凸レンズの中心を通る光は，そのまま直進する。
③ 焦点を通過した光は凸レンズで屈折し，光軸に平行に進む。
　①〜③の光が集まるところに，実像ができる。ここでは，①，②の光をかくとよい。
(2) 虚像は，次の 2 つの光の延長線上の交点にできる。
① 光軸に平行に進んだ後，凸レンズで屈折する光。
② 凸レンズの中心を通る光。
　①，②の光について，光の進む方向と反対に延長線をかくと，虚像を作図することができる。作図からもわかるように，虚像は実際の物体より大きくなる。

101 (1) 10 cm　(2) ウ

解説 (1) 焦点距離は，凸レンズの中心から焦点までの距離である。図 2 より，ろうそくから出る光が焦点を通っていることがわかる。
(2) 実像ができる点は，光が集まる点である。

102 ウ

解説 スクリーンにうつる像は実像なので，上下左右が逆になる。ろうそくと凸レンズの距離が短いほうが像が大きくなる。よって，a の位置に凸レンズがあるときのほうが，できる像は大きくなる。

103 (1) 凸レンズから遠ざける。
(2) 大きくなった。　(3) 60 cm

解説 (1) すでにスクリーンにはっきりと実像ができているとき，スクリーンを動かさずに物体 A を近づけると，スクリーン上にうつる像はぼやける。像がはっきりとうつるようにするには，スクリーンをレンズから遠ざければよい。
(2) 焦点の外側で物体を凸レンズに近づけているので，できる実像は大きくなる。
(3) 物体 A が焦点距離の 2 倍の位置にあるとき，できる実像は物体と同じ大きさである。よって，物体 A とスクリーンとの距離は 30 cm × 2 = 60 cm となる。

↗ **得点アップ**

▶ **実像の大きさ**
・物体が焦点距離の 2 倍よりも遠い位置にあるとき…実物より小さい像
・物体が焦点距離の 2 倍の位置にあるとき…実物と同じ大きさの像
・物体が焦点距離の 2 倍の位置と焦点との間にあるとき…実物より大きい像
・物体が焦点の内側にあるとき…実像はできない

104 (1) ウ
(2) レンズの厚さを変える。

解説 (1) 網膜にうつる像を，図の矢印の方向から見ると，「わ」の形と上下が反対になる。

(2) レンズの厚さを変えることで焦点距離を変え，ピントを合わせている。

---

105 (1) ア　　(2) ウ

解説 (1) 焦点距離が大きくなると，ろうそくと焦点が近くなる。そのため像は大きくなる。スクリーンを動かさずに像ができるようにするには，スクリーンから凸レンズを離す必要がある。
(2) レンズを通る光の量が少なくなるので，像が暗くなる。

---

106 (1) レーザー光はほとんど広がらずに進む。
(2) 光線の通りそうなあたりに物を置き，反射光を確かめる。
(3) 1.5

解説 (1) 他の光源の光は四方八方に進んでいくが，レーザー光はほとんど広がらない。
(2) レーザー光は目に向かって進むものでなければ見ることができないが，通り道にものがあれば反射するので，光が通っていることを確認できる。光源装置と原点 O の間に物体を置いて光の通り道を確認したら，その通り道と円との交点を見つける。その点が P となる。
　半円形ガラスを通過するレーザー光は目に見えるので，そのレーザー光と円の交点を見つけることができる。この点が Q となる。
(3) グラフより，PP′ = 3，QQ′ = 2 の点が読めるので，屈折率の定義にこの数値をあてはめて計算すればよい。

---

107 ア

解説 物体が焦点上にあるときは，像はできない。少しずつ物体を凸レンズから遠ざけると像が小さくなる。物体をどんどん遠ざけていくと，像が見えなくなる。像が見えなくなる直前でも，像はある程度の大きさがある。
　ウ，オ，カでは距離が遠ざかったときに像の大きさが大きくなっているので不適である。イ，エでは距離が遠ざかったときに像の大きさが 0 になっているので不適である。よって，アがあてはまる。

---

108 (1) 右図

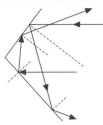

(2) 太陽光を 1 か所に集めることができるから。
(3) エ

解説 (1) 入射角と反射角が等しくなるように作図する。
(2) 作図して考えるとわかりやすい。平面鏡を 2 枚組み合わせたときの光の進み方は次のようになる。作図より，光が 1 点に集まりにくいことがわかる。

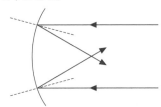

　これに対し，凹面鏡を使ったときの光の進み方は次のようになる。

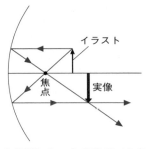

　このことから，凹面鏡のほうが，光を 1 点に集めやすいとわかる。
(3) 図 4 より，凹面鏡の焦点は点 Y よりも凹面鏡に近いところにあることがわかる。つまり，図 5 のイラストは焦点の外側に置くことになる。作図すると次のようになる。

イラスト
焦点
実像

上下左右が逆になった実像ができる。

---

109 (1) オ　　(2) 下

解説 (1) 凸レンズを通る光の量が少なくなるので，像は暗くなる。

(2) ろうそくの根元からの光のほうが先に凸レンズを通らなくなる。

110 a…ア　b…イ　c…ア　d…イ

解説 顕微鏡では，F_1 の外側に物体があるので，まず実像ができる。このときにできる実像は凸レンズ2の焦点の内側にあるので，凸レンズ2によって虚像ができる。

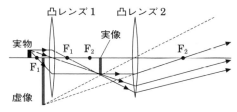

望遠鏡では凸レンズ3が対物レンズ，凸レンズ4が接眼レンズとなる。凸レンズ3で実像ができ，その実像を凸レンズ4を通して見える虚像を観察する。

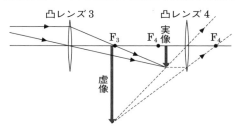

2 音の性質

111 (1) エ

(2) A…振動　B…圧縮　C…鼓膜

解説 (1) 伝えるものがあれば，音は伝わっていく。音が伝わる速さは，気体より液体，液体より固体のほうが大きくなる。

(2) 音の振動が空気に伝わって，鼓膜を振動させる。耳栓をすると音が聞こえにくくなるが，これは，空気の振動が伝わりにくくなるためである。

鼓膜から信号がどのようにして脳に伝わるかについては，2年生で学習する。

112 空気が音を伝えていること。

解説 電子ブザーは振動し続けているが，空気は少

なくなっている。そのため，振動が伝わらなくなり，音が聞こえなくなる。

113 (1) おんさ C　　(2) おんさ B

解説 (1) 音の高さは振動数で決まる。同じ高さの音は振動数が等しい。

(2) 音の大きさは振幅で決まる。振幅が同じだと，同じ大きさの音になる。

⑦ 得点アップ

▶音の高さと大きさ

・音の高さ…振動数が大きいほど，音は高い。
・音の大きさ…振幅が大きいほど，音は大きい。

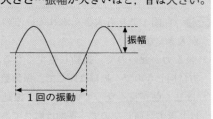

114 (1) 光に比べて音の伝わる速さが遅いから。

(2) 850 m

解説 (1) 光は1秒間に約30万 km 進むが，音は1秒間に約340 m しか進まない。

(2) 音速は秒速 340 m，音が聞こえるまでにかかった時間は 2.5 秒である。距離＝速さ×時間という関係を使って求めればよい。

$340 \text{m/s} \times 2.5 \text{s} = 850 \text{m}$

115 (1) 360 m　　(2) 337 m/s

(3) 多くなる。

解説 (1) クラクションを鳴らした地点から壁までの距離を x〔m〕とする。2秒間で車は，

$20 \text{m/s} \times 2 \text{s} = 40 \text{m}$

進むので，音が進む距離は，

$x + x - 40 = 2x - 40 \text{m}$

である。

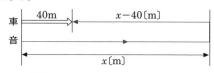

音は2秒間で

$340\,\text{m/s} \times 2\text{s} = 680\,\text{m}$

進む。

よって，$2x - 40 = 680$ となる。

これを解くと，$x = 360\,\text{m}$

(2) この音は $\dfrac{60}{101}$ 秒で200m進む。

よって，$200\,\text{m} \div \dfrac{60}{101}\text{s} \fallingdotseq 336.6\,\text{m/s}$

(3) 気温が高くなると，音の速さは大きくなる。そのため音を出す間隔も短くする必要がある。音を出す間隔を短くするには，音を出す回数を増やす必要がある。よって，重なって聞こえる音も多くなる。

---

116 ① ウ　②エ　③ア　④カ

解説 ①図1よりも大きくふれているので，振幅が大きくなる。

②張る力が強いので，振動しやすくなる。はじき方は同じなので，振幅は同じで，振動数が増える。

③はじく弦が長くなっているので，振動数は減る。はじき方は同じなので，振幅は同じである。

④弦が太くなっているので③のときより振動しにくくなる。はじき方は③と同じなので，振幅も③と同じになる。

---

117 (1) ①記録A

②ⓐイ　ⓑア

③

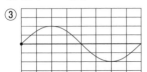

(2) ①容器内の音の振動が伝わりにくくなった(から)

②714m

解説 (1)①記録Aと記録B，記録Cと記録Dがそれぞれ波の間隔が等しく，記録AとBのほうが波の間隔が狭い。そのため記録AとBのほうが振動数が多い880HzのおんさXの記録であるとわかる。次に記録Aと記録Bでは前者のほうが山の高さが高い。したがって記録Aが音が大きい，強くたたいたほうの記録であることがわかる。

③220HzのおんさZの振動は440Hzのおんさの振動と比べ，波の間隔が倍になる。音の大きさは同じなので，波の高さは変わらない。

---

(2)② 太郎さんが声を出してから，やまびことして聞こえるまでに，音は $340 \times 4.20 = 1428\,\text{m}$ 進んでいる。音は声を反射させた場所と音との間を往復しているので，その片道の距離は

$1428 \div 2 = 714\,\text{m}$

---

118 (1) 50 回　(2) 400 Hz

解説 (1) 図2では0.01秒で4回振動していることがわかる。160回振動するには，その40倍の時間がかかるので，$0.01 \times 40 = 0.4$ 秒となる。図3では，0.008秒で1回振動している。よって0.4秒で振動する回数は，$0.4 \div 0.008 = 50$ 回となる。

(2) 0.01秒で4回振動しているので，振動数は

$4 \div 0.01 = 400\,\text{Hz}$

となる。

---

119 エ

解説 ワイングラスと水が振動しやすいのはエである。水は量が多くなるほど，ワイングラスが振動しにくくなる。そのため，入っている水が多いほど，音が低くなる。

---

120 ・太さが細くなるから。

・張りが強くなるから。

解説 振動数が大きいほど，高い音になる。輪ゴムを振動しやすくするためには，輪ゴムをピンと張ればよい。輪ゴムをピンと張ることで輪ゴムが細くなり，その結果振動しやすくなる。

㋐得点アップ

▶弦の振動と音

・弦が短く細いほど，高い音になる。

(振動数が多くなる)

・弦を強く張るほど，高い音になる。

(振動数が多くなる)

・弦を強くはじくほど，大きな音になる。

(振幅が大きくなる)

---

121 振幅が大きくなり，振動数が多くなる。

解説 ①と③の操作から，鉄琴は左へいくほど振動数が小さくなるのがわかる。鉄琴は音板が短いほど振動しやすくなるので，音板が短いほど高い音が出

る。①と②の操作から，強くたたくと振幅が大きくなるのがわかる。よって，中央から4つ右の音板を強くたたくと，中央の音板をふつうにたたくよりも高くて大きい音が出ると考えられる。

音楽の授業での経験から，音板の短いほうが高い音が出ることを知っている人もいるであろうが，本間は音の波形から音の高低・強弱を判断する問題なので，それにしたがって考えること。

---

122 (1) 21秒間　　(2) 19本

　　(3) ア…C　　イ…A　　ウ…D

　　　　エ…B　　オ…E　　カ…F

　　　　キ…A　　ク…B

解説 (1)　求める時間は秒なので，時速を秒速に直す必要がある。48 km = 48000 m，1時間 = 3600秒より，秒速は

$$48000\,\text{m} \div 3600\,\text{s} = \frac{40}{3}\,\text{m/s}$$

となる。よって，曲が流れる時間は，次のようになる。

$$280\,\text{m} \div \frac{40}{3}\,\text{m/s} = 21\,\text{s}$$

(2)　5320 ÷ 280 = 19本

(3)　ア〜エ：溝と溝との間隔が狭いと一定時間に振動する回数が多くなる。このため出る音は高い。反対に溝と溝との間隔が広いと，一定時間に振動する回数が少なくなる。そのため出る音は低くなる。

オ〜カ：振幅が大きくなると大きな音になり，振幅が小さくなると小さな音になる。

キ〜ク：車の速度を上げると，一定時間に振動する回数が増えるので，音が高くなる。反対に速度を落とすと，一定時間に振動する回数が減るので，音が低くなる。

---

123 (1) 反射　　(2) 振幅　　(3) 振動数

解説 (1)　飛行機からじかに聞こえてくる音と，海面で反射して塔に聞こえてくる音がある。このため，塔では2回音が聞こえる。

(2)　音の大きさに関係するのは振幅である。

(3)　音の高さに関係するのは振動数である。

---

124 (1) 25 m/s　　(2) 4秒後

　　(3) 2.59秒間　　(4) 1000 Hz

解説 (1)　90 km = 90000 m，1時間 = 3600秒なので，

秒速は次のようになる。

$$90000\,\text{m} \div 3600\,\text{s} = 25\,\text{m/s}$$

(2)　音が電車から出て，t 秒後に電車に届くと考える。電車が進んだ距離と，音が進んだ距離の合計は1460 mとなるので，式は以下のようになる。

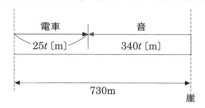

$$25t + 340t = 1460$$

$$t = 4\,\text{s}$$

(3)　警笛は3秒間鳴っているので，警笛の音波の先頭は，

$$340\,\text{m/s} \times 3\,\text{s} = 1020\,\text{m}$$

の位置まで進んでいる。

この間に電車の先頭は

$$25\,\text{m/s} \times 3\,\text{s} = 75\,\text{m}$$

進むので，3秒間の音波は

$$1020 - 75 = 945\,\text{m}$$

の間にすべて入っている。

この音波が壁ではね返ってきて，電車の先頭と音波の先頭がぶつかり，その1秒後には両者の先頭は

$$340 + 25 = 365\,\text{m}$$

離れる。

したがって，電車の先頭と音波の先頭が945 m離れるには何秒かかるかを考えればよい。

よって，式は次のようになる。

$$945 \div 365 \fallingdotseq 2.589\,\text{s}$$

すなわち，2.59秒間こえていることになる。

(4)　振動数863 Hzで3秒間発した音を，2.59秒間（正確には $\frac{945}{365}$ 秒間）で聞くので，聞こえる音の振動数は

$$863 \times 3 \times \frac{365}{945} = 999.9\cdots$$

したがって，1000 Hzとなる。

---

125 ① 2　　② 510　　③ 1.2　　④ 0.6

　　⑤ 小さくなる

解説 ① コウモリと獲物との距離が 680 m，音速が秒速 340 m なので，コウモリが発した音が獲物に到達するのにかかる時間は次のようになる。

680 m ÷ 340 m/s ＝ 2 s

② コウモリの進む速度は秒速 85 m である。コウモリが 2 秒間に進む距離は，次のようになる。

85 m/s × 2 s ＝ 170 m

よって，コウモリと獲物との距離は，以下のようになる。

680 m － 170 m ＝ 510 m

③ 図のように，510 m 離れた場所からコウモリと音が同時に出発して何秒後に出会うかを考える。

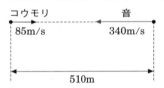

コウモリ　　　　　音
85 m/s　　　　340 m/s
510 m

コウモリの飛ぶ速度は秒速 85 m，音速は秒速 340 m なので，コウモリと音との距離は 1 秒間で 425 m 縮まることになる。510 m 縮まるには何秒かかるかを求める。

510 ÷ 425 ＝ 1.2

よって，1.2 秒かかる。

④ ③より，時刻 0 秒に発した音がコウモリに戻ってくるのは時刻 3.2 秒である。次に，時刻 1 秒に発した音がコウモリに戻ってくるまでにかかる時間を考える。

時刻 1 秒に，コウモリと獲物の距離は 595 m になっている。ここから t 秒後にコウモリと音が出会うと考える。t 秒間にコウモリが進む距離は $85t$〔m〕，音が進む距離は $340t$〔m〕となる。よって，次のように式を立てることができる。

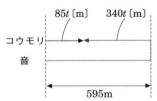

85t〔m〕　340t〔m〕
コウモリ
音
595m

$85t + 340t = 1190$

$t = 2.8$

よって，時刻 1 秒に発した音がコウモリに到達するのは，時刻 3.8 秒である。

最初の音がコウモリに到達してから次の音が到達するまでにかかる時間は，次のようになる。

3.8 － 3.2 ＝ 0.6

よって，0.6 秒である。

⑤ ④より，0.6秒間隔で音をうけ取ることになるので，音をうけ取る間隔は音を発信する間隔よりも小さくなるとわかる。

3 力のはたらき

126 (1) 重力　　(2) ウ
(3) 図 2 で，磁石 C からの反発する磁力が磁石 B にはたらいたため。

解説 (1) 物体が地球に引っ張られるときにはたらく力を重力という。

(2) 磁石 A の上面を N 極（S 極）とすると，磁石 B の下面は N 極（S 極），上面は S 極（N 極），磁石 C の下面は S 極（N 極），上面は N 極（S 極）となる。

(3) 図 1 で磁石 B にはたらく力は重力と，磁石 A からの反発する磁力である。図 2 ではそれに加えて，磁石 C からの反発する磁力も加わる。

127 ① 変える　　② 作用点

解説 力のはたらきには，物体を支える，物体を変形させる，物体の運動を変える，という 3 つのはたらきがある。

力を図で表すとき，矢印を用いる。力の大きさを矢印の長さで表し，力がはたらく向きを矢印の向きで表す。矢印をかくときは，力がはたらく場所からはじめる。

128 ウ

解説 ア…月面の重力は，地球の重力の 6 分の 1 なので，正しい。

イ…引っ張る向きと反対に摩擦力がはたらくが，その力は小さい。よって正しい。

ウ…ブーメランが飛んで戻ってくる動きは，重力と関係ない。よって誤り。

129 (1) イ　　(2) ウ

解説 (1) 壁は棒を支えているので，棒を支える力は右向きである。棒は右向きにすべろうとするが，摩擦力があるため，棒は右にすべらない。よって，摩擦力は左向きである。

(2) 物体Aが物体Bの上を右にすべっていかないのは，左向きに摩擦力がはたらくためである。机には摩擦力がないので，物体Bには右向きに引っ張られる力のみがはたらいている。

◯ 得点アップ

▶摩擦力

摩擦力は，物体の動きと反対向きにはたらく。

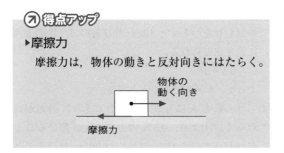

130

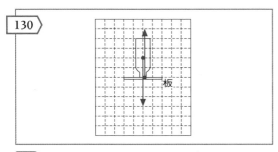

解説 このペットボトルにはたらく力は，ペットボトルにはたらく重力と板がペットボトルを押す力である。ペットボトルにはたらく重力が5Nなので，板がペットボトルを押す力は5Nとなる。この力は上向きにはたらくので，矢印は上向きである。1目盛りが1Nを表すので，矢印の長さは5目盛り分。

131 (1) 5N (2) 5cm (3) 1.6cm

解説 (1) 原点を通る直線のグラフなので，ばねの伸びは，加えた力に比例することがわかる。グラフより，10Nの力を加えたとき，ばねAは2cm伸びていることがわかる。よって，1cm伸ばすのに必要な力の大きさは，

　　10N ÷ 2 = 5N

よって，5Nの力が加わっている。

(2) グラフより，2Nの力を加えると1cm伸びることがわかる。よって，10Nの力を加えると，その5倍伸びる。

(3) 10Nの力を加えたとき，Aは2cm，Bは5cm伸びる。同じ力では，Bの伸びはAの伸びの2.5倍である。よって，4 ÷ 2.5 = 1.6cmである。

132 (1) 12cm (2) 28cm (3) 14cm

解説 (1) 2本のばねの長さは同じになっているので，それぞれのばねを引く力の大きさは等しい。1本のばねを引く力は1Nなので，それぞれのばねは2cmずつ伸びている。

(2) 1本のばねを引く力は2Nなので，ばねは4cm伸びることになる。それぞれのばねの長さは，

　　10cm + 4cm = 14cm

で14cmとなる。よって，全体の長さは

　　14cm × 2 = 28cm

で28cmとなる。

(3) 一方のおもりがばねを支え，もう一方のおもりがばねを引いていると考える。2Nのおもりで引いているので，ばねは4cm伸びる。

133 (1) ばねB

理由…同じ個数のおもりをつるしたときを比べると，ばねBのほうがばねAよりも伸びが小さいから。

(2) 5個 (3) 5cm (4) 比例関係

解説 (1) グラフを縦に見るとわかる。たとえば，20gのおもりをつるしたときでは，ばねAのほうが伸びていることがわかる。つまり，同じ力を加えたとき，ばねAのほうが伸びやすい。

(2) グラフから，ばねBが2cm伸びるとき，100gの力が加わっていることがわかる。おもり1個は20gなので，100gはおもり5個分である。

(3) 100gで何cm伸びるか，グラフから読み取ればよい。

(4) 原点を通る直線のグラフは，比例関係を示す。

134 ア

解説 ばねの伸びは，加えた力の大きさに比例する。おもりは引っ張られているので，床がおもりを押す力は徐々に減っていく。おもりが床から離れれば，床がおもりを押す力は0になる。よって，アが適切である。

135 (1) 12cm　(2) 約2cm　(3) 約2cm

解説 (1) 10gのおもりで1cm伸びるので，120g では12cm伸びる。

(2) 月面では地球の $\frac{1}{6}$ の重力となるので，伸びも 地球の $\frac{1}{6}$ となる。

(3) 片方は固定され，もう片方のおもりがばねを引っ張っていると考える。地球上では12cm伸びるので，月ではその $\frac{1}{6}$ の伸びとなる。

136 エ

解説 1つの物体にはたらく重力の大きさは，その物体そのものの質量によって決まり，物体の上に別の物体を乗せたり物体を動かしたりしても変化しないのでアとイは不適。「箱Aが小箱Bを支える上向きの力」と「小箱Bにはたらく下向きの重力」はつり合っているので，ウは不適。また，箱Aにはたらく力は「床が支える上向きの力」と下向きの力がつり合っているが，下向きの力は「地球が引く重力」と「小箱Bが押しつける力」なので，エが適当。

137 (1)

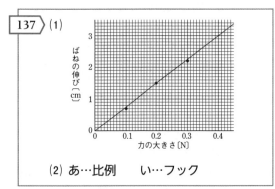

(2) あ…比例　　い…フック

解説 (1)フックの法則より，ばねの伸びと力の大きさは比例するため，表から測定値を●や■などで点をとり，原点からこの点を通る直線を引く。

138 ① 4W　② 5W

解説

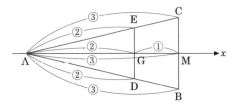

① 問題文より，小さな三角形と大きな三角形の各辺の比は2：3で，2つの三角形の面積の比は4：

9である。大きい二等辺三角形の重さが9Wなので，小さな二等辺三角形の重さは4Wとなる。

② 大きな三角形の重さは9Wであり，小さな三角形の重さは4Wである。よって，残りの台形の板の重さは，9W − 4W = 5W となる。

139 (1) 0.05N/cm　(2) 60cm
(3) 0.025N/cm　(4) 20cm
(5) 12cm　(6) 10cm
(7) 0.15N/cm

解説 (1) 50gのおもりの重力は0.5Nである。このおもりをつるすと10cm伸びるので，次のように式を立てられる。

$$0.5 = 10k$$

よって，$k = 0.05$N/cm となる。

(2) ゴムひもAにもゴムひもBにも1Nの力がはたらく。(1)より，0.5Nの力で10cm伸びることがわかっているので，1Nでは20cm伸びることになる。よって，ゴムひもの長さは，

$$(10 + 20) \times 2 = 60\text{cm}$$

となる。

(3) (2)より，1Nの力で40cm伸びているので，$F=kx$ にあてはめると，

$$1 = 40k$$

よって，$k = 0.025$N/cm となる。

(4) 2本のゴムひもで1Nのおもりを支えているので，1本のゴムひもは0.5Nの力で引っ張られている。よって，1本のゴムひもは10cm伸びている。

(5) 手が引く力を x〔N〕とすると，ゴムひもAは $x + 1$〔N〕の力で引っ張られ，ゴムひもBは x〔N〕の力で引っ張られていることになる。1Nで20cm伸びるので，ゴムひもAは $20(x + 1)$〔cm〕伸び，ゴムひもBは $20x$〔cm〕伸びることになる。全体では24cm伸びているので，次のように式を立てることができる。

$$20(x + 1) + 20x = 24$$

これを解くと，$x = 0.1$N となる。よって，Bの伸びは2cmとなり，Bの長さは12cmとなる。

(6) 長さを $\frac{1}{3}$ にしただけなので，伸びる割合はもとのゴムひもと同じであると考える。1Nの力を加えると $\frac{20}{3}$ cm伸びることになるので，

$$\frac{10}{3} + \frac{20}{3} = 10\text{cm}$$

(7) $F = kx$ にあてはめると，$1 = \frac{20}{3}k$ となる。これを解くと，$k = 0.15$N/cm となる。

140 ア…⑤   イ…④   ウ…②

解説 ア, イ, ウの重さをそれぞれ xN, yN, zN とする。ただし x, y, z は 1 以上 8 以下の整数である。
図2と図1より, 3つのおもりの重さの合計は

$$14 - 3 = 11 \text{N}$$

よって, $x + y + z = 11$…①
また, 図2で棒が水平であることから,

$$2x = y + 3z \cdots ②$$

②を整理して, $x = \dfrac{1}{2}y + \dfrac{3}{2}z \cdots ②'$
②′ を①に代入して,

$$\dfrac{1}{2}y + \dfrac{3}{2}z + y + z = 11$$
$$\dfrac{3}{2}y + \dfrac{5}{2}z = 11$$
$$3y + 5z = 22$$

この式を満たす 1 以上 8 以下の整数 (y, z) の組み合わせは (4, 2) のみである。
これを①に代入して,

$$x + 4 + 2 = 11$$
$$x = 5$$

141 (1) 200N   (2) 400N
(3) 4cm

解説 (1) A君は 200N の力でひもにぶら下がっていることになるので, はかりにかかる力は, 体重より 200N 少ない。このため, A君のはかりが示す値は,

$$400 - 200 = 200 \text{N}$$

(2) A君がひもを引く力によって, B君はひもに引っ張られている。このため B君のはかりが示す値は,

$$600 - 200 = 400 \text{N}$$

(3) A君は 200N の力で引き, B君はA君との体重差 200N で引いている。よって, 合計 400N の力で引いていることになるので, 4cm 伸びる。

142 (1) ① 5.0N   ② 2.0N
(2) ① ウ   ② ク   ③ ク
④ ス   ⑤ ケ

解説 (1) ① グラフより, ばねが 4.0cm 伸びるとき, おもりの重さは 5.0N であることが読み取れる。
② ばねが 2.4cm 伸びているので, グラフより, ばねが球を支える力は 3.0N とわかる。よって, 台ばかりが球を押す力は, $5.0 - 3.0 = 2.0$N で

ある。球は台ばかりに支えられているので, 台ばかりが球を押す力と, 球が台ばかりを押す力は等しい。

(2) ① (1)より, ばねが 4.0cm 伸びたとき, 5.0N の力が加わっていることがわかる。
② ばねを引く前は, 球の重さが物体を押す力になっている。このとき球は 5.0N の力で押している。ばねの伸びが 4.0cm になると, ばねが 5.0N のおもりを支えるので, 球が物体を押す力は 0N になる。
③ ②と作用・反作用の関係なので, ②と大きさが等しい。
④ この物体は球と質量が等しいので, 重力は 5.0N である。重力は常に一定である。
⑤ 最初は球と物体で台ばかりを押している。このため, 台ばかりが物体を押す力は 10.0N である。ばねが 4.0cm になると, 球が物体を押す力は 0N になるので, 台ばかりが物体を押す力は 5.0N となる。

143 (1) a…オ   b…エ   c…サ   d…コ
(2) ① h, i, j
② e…1.5N   j…3.5N
(3)

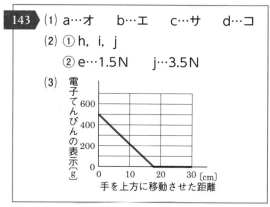

解説 (1) ばねの自然の長さが 20cm なので, ばねの長さが 30cm の場合, ばねは縮まる方向に手を引っ張る力がはたらく。
(2) ① ばねが 15cm の場合, ばねは伸びようとする下向きの力がはたらく。また, 電子てんびんと物体 P の間に, 電子てんびんが物体 P を押す垂直抗力がはたらく。

144 (1) 32cm   (2) 4N
(3) 28cm   (4) 0.8cm

解説 (1) 図2より, ばねの伸びが 10cm のところでグラフの傾きが変化しているため, ここからばねに加えてゴムひもが伸びる力がかかりはじめたことが読み取れる。このときのばねの長さ 22

＋ 10 ＝ 32cm がゴムひもの自然の長さである。

(2)　図2より，ばねの伸びが 10 ～ 12cm のとき，ばねの伸び1cm あたりの引く力は，

$$(68 － 50) ÷ (12 － 10) ＝ 9N$$

ばねの伸びが 8cm ～ 10cm のとき，ばねの伸び1cm あたりの引く力は $(50 － 40) ÷ (10 － 8)$ ＝ 5N

ばねの伸び 10 ～ 12cm のときは，ばねの力とゴムひもの引く力がはたらいているため，ゴムひも単独の1cm 伸ばすのに必要な力は 9 － 5 ＝ 4cm となる。

(3)　図3の状態で，ゴムひもの引く力は，

$$(50 － 32) × 4 ＝ 72N$$

この状態でおもりが右へ動き出すためには，ゴムひもの引く力と，おもりと台の間の摩擦力の合計である，72 ＋ 68 ＝ 140N の力で引く必要がある。このときのばねの伸びは 140 ÷ 5 ＝ 28cm となる。

(4)　図3の状態でおもりがゴムひもに引かれて左へ動き出すのは，おもりと台の間にはたらく摩擦力を考えて，ばねの引く力が 72 － 68 ＝ 4N になったときである。このときのばねの伸びは 4 ÷ 5 ＝ 0.8cm となる。

145　0.125N/cm

【解説】　ばね定数は力をばねの伸びで割ったものなので，0.9 ÷ (10.2 － 3) ＝ 0.125N/cm

第3回 実力テスト

1 (1) エ　　(2) 2.5cm　　(3) 2N
(4) ① 0.4N　② 1.6cm

【解説】 (1)　物体 A は右向きに引っ張られているが，それと同じ大きさの摩擦力が左向きにはたらいているために静止している。

(2)　静止しているので，ばね a は物体 B と物体 C が引く力，ばね b は物体 C が引く力だけを考えればよい。物体 B と物体 C の重さは合計 2N なので，ばね a は 2cm 伸びる。ばね b は 1N の力で引っ張られており，1N の力で 0.5cm 伸びるので，この場合は 0.5cm 伸びる。よって，伸びの合計は

$$2cm ＋ 0.5cm ＝ 2.5cm$$

となる。

(3)　糸は物体 B と物体 C に引っ張られている。ばね b の重さは無視できるので，物体 B と物体 C の重さだけを考えればよい。

(4)①　物体 C の重さは 1N である。手が物体 C を押す力は 0.6N なので，物体 C がばね b を引く力は次のようになる。

$$1.0N － 0.6N ＝ 0.4N$$

②①より，ばね b は 0.2cm 伸びる。

ばね a は物体 B から 1N の力で，物体 C から 0.4N の力で引っ張られているので，合計 1.4N の力で引っ張られていることになる。よって，ばね a は 1.4cm 伸びる。

ばね a とばね b の伸びの合計は，

$$1.4cm ＋ 0.2cm ＝ 1.6cm$$

となる。

2 (1) 0.875 秒　　(2) 1.125 秒

【解説】 (1)　212.5：510 ＝ 5：12 となる。よって，三角形 OPQ は，辺の比が 5：12：13 の直角三角形であることがわかる。

点 P で出た信号が O に届くまでにかかる時間を求めたいので，OP の距離を知る必要がある。OP の距離は，次のように比で求めることができる。

$$12：13 ＝ 510m：OPm$$

$$OP ＝ \frac{13 × 510}{12}$$

$$＝ 552.5m$$

信号が P から O に届くまでの時間は，次のようになる。

$$552.5m ÷ 340m/s ＝ 1.625s$$

その次の信号は点 Q から出る。この信号が O に届くまでにかかる時間は，次のようになる。

$$510m ÷ 340m/s ＝ 1.5s$$

点 P で信号が出て1秒後のようすは，下の図のようになる。

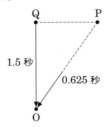

よって，点 P で出た信号が届いてから点 Q の信号が届くまでにかかる時間は，次のようになる。

$$1.5s － 0.625s ＝ 0.875s$$

(2)　点 Q の次の点を R とすると，QR = 212.5 m，OR = 552.5 m となるので，点 R から出た信号が O に届くまでにかかる時間は 1.625 秒である。

点 Q から信号が出て 1 秒後のようすは次のようになる。

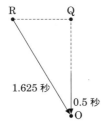

よって，点 Q から出た信号が届いてから，その次の信号が届くまでにかかる時間は次のようになる。

$$1.625\,\mathrm{s} - 0.5\,\mathrm{s} = 1.125\,\mathrm{s}$$

3 (1) ウ　　(2) ア　　(3) ウ　　(4) イ

解説 (1)　鏡にうつる像は，実物と比べて左右が反対になる。

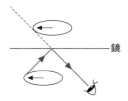

(2)　光が図のように進むので，左右の逆転が起きない。

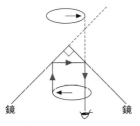

(3)　1 枚の鏡の前に立てたときと同じ見え方をする。
(4)　丸底フラスコの丸底の部分なので，凸レンズを通して物体を見たときと同じ像が見える。凸レンズを通して遠くにある物体を見ると，実物と比べて上下左右が逆になった像が見える。

4 (1) 0.2N

(2)

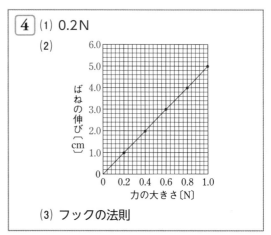

(3) フックの法則

解説 (1)　100 g の物体にはたらく重力の大きさが 1N なので 20 ÷ 100 = 0.2N

(2)　おもり 5 個をつり下げたとき，ばねにはたらく力の大きさは 0.2 × 5 = 1N，そのときのばねの伸びは 5cm なので，原点と 1.0N で 5cm の点を通る直線を引く。

5 (1) 向き…下向き
　　　　大きさ…小さくなる。
(2) ウ　　(3) ウ

解説 (1)　切手を下に動かしたので，凸レンズ A と離れたことになる。そのため，スクリーンに像をはっきりとうつすためには，スクリーンを凸レンズ A に近づける必要がある。また，切手が凸レンズ A から遠ざかったので，スクリーンにできる像は小さくなる。

(2)　スクリーンにうつる実像は，実物と上下左右が逆である。そのため，実物を動かすと，実像は実物とは逆向きに動いて見える。凸レンズ B から見る虚像は，スクリーンにうつる像と上下左右が同じである。そのため，虚像はスクリーンにうつる像と同じ方向に動いて見える。スクリーンにうつる像はウの方向に動いて見えるので，虚像もウの方向に動くように見える。

(3)　虚像は，物体が凸レンズの焦点距離の内側にあるときに見える。そのため選択肢のア，イは誤りである。また，物体が凸レンズに近づくほど，虚像は小さく見える。そのため，エも誤りである。

6 (1) 11.5 秒　　(2) 11.8 秒

解説 (1)　計測係がピストルの音を聞いてからストップウォッチを押したので，音が計測係の耳に届

くまでに時間があく。つまり，音が鳴った瞬間に山本君はスタートし，音が届いてから計測係がストップウォッチを押したことになるのである。このため，音が伝わる時間を計測された時間に加えないといけない。ピストルの音が計測係の耳に届くまでにかかる時間は，次のようになる。

$$102\text{m} \div 340\text{m/s} = 0.3\text{s}$$

よって，山本君の正確な記録は，

$$11.2\text{s} + 0.3\text{s} = 11.5\text{s}$$

となる。

(2) 計測係はピストルを鳴らすと同時にストップウォッチを押し，山本君は音を聞いてからスタートする。そのため，山本君がスタートする前にストップウォッチが押されてしまっているのである。12.1秒には，ピストルの音が山本君の耳に届くまでの時間が含まれている。

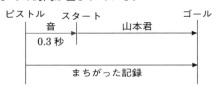

(1)より，ピストルの音が山本君の耳に届くまでに0.3秒かかることがわかっているので，12.1秒からこの時間を引けばよい。

$$12.1\text{s} - 0.3\text{s} = 11.8\text{s}$$

よって，山本君の正確な記録は11.8秒となる。

4編　大地の変化

1 火山

146 水がにごらなくなる

解説 鉱物を観察するには，土などを洗い落とす必要がある。そのためには，水がきれいになるまで火山灰を洗う。

火山灰の観察には，双眼実体顕微鏡を用いる。

147 (1) ウ，オ　　(2) 火山噴出物
(3) ガスがぬけたから。

解説 (1) 火山ガスには他にも，硫化水素や二酸化硫黄などが含まれる。

(2) 溶岩や火山灰，火山ガスなどをまとめて火山噴出物という。

⊅ 得点アップ

▶代表的な火山噴出物

溶岩…マグマが地表に流れ出たもの。

火山ガス…水蒸気(50%以上)，塩化水素，二酸化硫黄，硫化水素，二酸化炭素など。

　ほかにも，火山灰，火山れき，軽石，火山弾などがある。

148 (1) ア…斑状　　イ…斑晶
(2) A…X　　B…Y

解説 (1) 図1のA，Bはともに火成岩である。Bのような組織を斑状組織といい，一様に見える部分を石基という。

(2) Aはマグマが地下深くでゆっくり冷えてできたもので，Bはマグマが地表近くで急に冷えてできたものである。Aは深成岩，Bは火山岩である。

⊅ 得点アップ

火成岩　火山岩…マグマが地表近くで急に固まってできる。斑状組織

深成岩…マグマが地下深くでゆっくり固まってできる。等粒状組織

149 予想…マグマのねばりけのちがいで火
山の形が決まる。
操作と状態…水を加えてよくかきまぜ，
ねばりけを弱くした。

解説 火山の形がマグマのねばりけのちがいで決まることを，このモデル実験で確かめることができる。マグマのねばりけが弱いほど，盛り上がりが小さくなる。

この実験は石こうなどを用いても行うことができる。

150 (1) 4種類
(2) 等粒状組織
(3) ア…安山岩　　イ…玄武岩
ウ…花こう岩
(4) エ…長石　　オ…黒雲母
ク…カンラン石

解説 (1) 有色鉱物は，表のオ，カ，キ，クである。
(2) 深成岩は地下深くでゆっくり冷えてできるため，それぞれの粒の大きさが等しくなる。
(3) 長石は火山岩にも深成岩にも含まれる。カは角セン石，キは輝石である。

⤴得点アップ

▶火山岩と深成岩
火山岩…流紋岩，安山岩，玄武岩
深成岩…花こう岩，せん緑岩，斑れい岩

151 (1) エ
(2) イ

解説 (1) 土石流は降り積もった火山灰などが，雨によって川の下流に押し流されるものであるため，水無川の下流に向かって広がるBが，土石流の被害を受けた地域と考えられる。
(2) 山頂部のようすや，断面の形の模式図から，雲仙普賢岳はドーム状で，ねばりけの強いマグマで構成されていると考えられる。マグマのねばりけが強いほど，火山灰の色は白っぽくなるため，イが正しい。

152 (1) エ　　(2) エ

解説 (1) マグマのねばりけが強いほど，火山は盛り上がった形になり，溶岩は白っぽくなる。
(2) 火山灰に含まれる鉱物の名前がわかっているので，そこから火山噴出物の色が判断できる。PはQと比べて有色鉱物が多いことから，Pは火山噴出物が黒っぽいことがわかる。よって，火山Pのマグマはねばりけが弱く，火山の形は傾斜がゆるやかであるとわかる。

⤴得点アップ

▶マグマのねばりけと火山の形，溶岩の色
ねばりけが強い…おわんをかぶせたような形
　　　　　　　　（溶岩ドーム）で，白っぽい。
　　　　　　　　雲仙普賢岳など。
ねばりけが弱い…平らな形（たて状火山）で，黒
　　　　　　　　っぽい。マウナロア（ハワイ）
　　　　　　　　など。
中間のねばりけ…円すい形（成層火山）で色も黒
　　　　　　　　と白の中間となる。桜島など。

153 (1) ウ
(2) マグマや水溶液の温度がゆっくり下
がる点（19字）

解説 (1) Aのビーカーには大きな結晶が，Bのビーカーには小さな結晶ができる。安山岩は火山岩で，花こう岩は深成岩である。火山岩は地表近くで急速に冷えてできるため，結晶にならない部分ができる。一方，深成岩は地下深くで冷え，結晶はゆっくりと成長する。

よって，安山岩はBの結晶と，花こう岩はAの結晶と似ていると考えられる。
(2) ゆっくりと冷えてできる点が両方に共通した特徴である。

154 (1) キ
(2) イ，オ，キ
(3) 流紋岩
(4) キ

解説 (1) 2種類の無色鉱物は石英と長石である。この2つを含むのはアとキである。花こう岩に含

まれる有色鉱物は黒雲母であることから，キとなる。

(2) 図2から，安山岩は火山岩で，斑状組織をもつので，地表近くで急に冷え固まってできることがわかる。安山岩は長石，輝石，角セン石を含む。このことから，イ，オ，キが正しい。

(3) 花こう岩と同じ鉱物でできており，斑状組織でできた火成岩は流紋岩である。

(4) 流紋岩に含まれる鉱物は，無色鉱物が多い。そのため，流紋岩の元になるマグマはねばりけが強いとわかる。ねばりけの強いマグマの火山では，岩石は白っぽく，鐘状火山ができる。鐘状火山は爆発的な噴火を起こす。よって，キが正しい。

---

155 (1) エ   (2) ウ

解説 (1) 桜島は成層火山の代表的な例である。成層火山は，爆発的な噴火をくり返し，火山灰などが層状に重なっている。

(2) 火山の大きな噴火で大量のマグマが放出され，マグマだまりが陥没してできたくぼ地をカルデラという。ア～エのなかでカルデラがあるのは阿蘇山である。

---

156 (1) ウ   (2) エ   (3) ア
(4) 流紋岩
(5) 結晶の形が変わるため（10字）

解説 (1) マグマが下のほうまで流れているので，ねばりけが弱いと考えられる。ねばりけが弱いマグマからは玄武岩か斑れい岩ができる。このことからウが正しい。

流紋岩はねばりけの強いマグマからできる。**154** の(4)を参照のこと。

(2) ア…火山灰中の鉱物は角ばっているものが多いので，誤り。
イ…粒の小さいものほど遠くに運ばれるので，誤り。
ウ…マグマの成分により鉱物の種類も変わってくるので，誤り。
よって，エが正しい。

(3) 記録より，a は無色鉱物だとわかる。柱状の無色鉱物は長石なので，a は石英とわかる。うすくはがれやすい有色鉱物は黒雲母である。

(4) (3)より石英，長石，黒雲母を含むことがわかる。また，地表で流出してできたことから，火山岩で

あることもわかる。よって，この火山岩は流紋岩とわかる。

(5) 水で洗うことで，鉱物の色や形がわかるようになる。結晶の本来の形が変わってしまうと，観察にならない。

---

157 海溝やトラフから沈みこんでいるプレートがある深さまで沈んだ部分の上の地点に火山ができると考えられる。（50字）

解説 プレートは岩石の層で，地球をおおっている。プレートが沈みこむところを海溝という。トラフもプレートが沈みこむところであるが，海溝ほど深くはない。海溝やトラフを見ると，火山帯とほぼ平行になっていることがわかる。

プレートが沈みこんだ先では大きな圧力がかかるので，その周囲にある岩石がとけてマグマとなる。そのマグマが噴出すると火山となる。

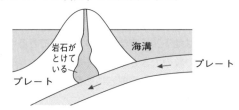

---

158 (1) 西   (2) ア

解説 (1) 風向きとは，風が吹いてくる方向である。火山灰が東へ運ばれているので，風は西から吹いているとわかる。

(2) $128 = 2^7$，$64 = 2^6$，$32 = 2^5$，$16 = 2^4$ である。この数字から，直線のグラフや反比例のグラフにはならないことがわかる。富士山から $15\,\mathrm{km}$ の地点と富士山から $50\,\mathrm{km}$ の地点の間では，火山灰などの積もった厚さが半分以上ちがう。このことから，アが適しているとわかる。

2 地震

$\boxed{159}$ (1) 小さなゆれ…初期微動
　　大きなゆれ…主要動
(2) 小さなゆれ…P 波
　　大きなゆれ…S 波
(3) 96km　　(4) ウ

解説 (1)(2) 最初の小さなゆれを初期微動といい，その元になっている波を P 波という。初期微動の後にくる大きなゆれを主要動といい，その元になっている波を S 波という。P，S はそれぞれ英語の頭文字から取ったものである。

(3) 表より，P 波が地点 A に到達してから地点 E まで到達するのに 16 秒かかったことがわかる。
　　よって，$6km/s \times 16s = 96km$ となる。

(4) 表より，ゆれはじめが最も早かったのが地点 C なので，地点 C が震源に最も近いことがわかる。さらに，地点 B と地点 D は同じ時刻にゆれはじめていることから，地点 B と地点 D は震源から同じ距離にあることがわかる。以上のことから，ウが適切であると判断できる。

⤴得点アップ

▶初期微動と主要動のちがい
初期微動…初めに伝わる小さなゆれで，P 波（縦波）によって伝えられる。
主要動…初期微動の後に続く大きなゆれで，S 波（横波）によって伝えられる。

$\boxed{160}$ (1) 震央
(2) ① 5km/s　　② 3km/s
(3) 8 時 43 分 43 秒

解説 (1) 震源の真上にある地表の地点を震央という。

(2) 地点 A と地点 B の間の距離は 60km である。60km 進むのに，①のゆれを起こす波は 12 秒，②のゆれを起こす波は 20 秒かかっている。よって，①のゆれを起こす波の速さは，
　　$60km \div 12s = 5km/s$
となり，②のゆれを起こす波の速さは

$60km \div 20s = 3km/s$
となる。

(3) ①のゆれを起こす波は，120km の距離を 5km/s の速さで進む。よって，①のゆれを起こす波が地点 A に到達するのにかかった時間は，
　　$120km \div 5km/s = 24s$
となる。地震の発生時刻は，A 地点で①のゆれがはじまる 24 秒前である。

$\boxed{161}$ (1) 448km　　(2) 18 秒

解説 (1) 表より，Ⅰ波は 196km の距離を 28 秒で進んだことがわかるので，Ⅰ波の速さは，
　　$196km \div 28s = 7km/s$
となる。X 市から Z 市まで進むのに，Ⅰ波は 40 秒かかっているので，X 市と Z 市の間の距離は，
　　$7km/s \times 40s = 280km$
となる。よって，震源から Z 市までの距離は，
　　$168 + 280 = 448km$
となる。

(2) 表と(1)より，Ⅱ波は，84km の距離を 21 秒で進んだことがわかるので，Ⅱ波の速さは
　　$84km \div 21s = 4km/s$
となる。Ⅱ波が震源から X 市まで進むのにかかる時間は，
　　$168km \div 4km/s = 42s$
である。地震発生時刻は，
　　$168km \div 7km/s = 24s$
より，20 時 6 分 12 秒となるので，Ⅱ波が X 市に到着するのは 20 時 6 分 54 秒である。よって，初期微動継続時間は
　　$54 - 36 = 18s$
となる。

$\boxed{162}$ (1) エ
(2) 初期微動継続時間
(3) $\dfrac{aV_pV_s}{V_p - V_s}$
(4) 5 時 32 分 40 秒
(5) 5.3
(6) 5 時 32 分 58 秒
(7) ア，エ

解説 (1) 地面のゆれにあわせて地震計全体が動かされるが，つるされているおもりは元の位置を保とうとするため，これが不動点となる。

(2) 地震を伝える波には伝わる速さが速く，ゆれの小さな P 波と伝わる速さが遅く，ゆれの大きい S 波がある。P 波が伝わってから，S 波が伝わるまでの間を初期微動継続時間という。

(3) 震源までの距離を x とすると，

$$a = \frac{x}{V_\text{S}} - \frac{x}{V_\text{p}}$$

$$a = x\left(\frac{1}{V_\text{S}} - \frac{1}{V_\text{p}}\right) = x\frac{V_\text{p} - V_\text{S}}{V_\text{p}V_\text{S}}$$

$$x = \frac{aV_\text{p}V_\text{S}}{V_\text{p} - V_\text{S}}$$

(4) 図 2 の地点 A より，初期微動継続時間は 12 秒である。(3)より震源までの距離は

$$\frac{12(6 \times 3)}{6 - 3} = 72\,\text{km}$$

震源から地点 A に P 波が到達するまでにかかった時間は $72 \div 6 = 12\,\text{s}$

よって地震の発生時刻は 5 時 32 分 40 秒とわかる。

(5) 地点 B の震源までの距離は $72 - 40 = 32\,\text{km}$

地点 B での初期微動継続時間 b は

$$b = \frac{32}{3} - \frac{32}{6} = \frac{16}{3} = 5.33\cdots \quad \text{より } 5.3\,\text{s}$$

よって 5.3 秒

(6) 地点 C に S 波が到着するまでにかかった時間は 36 秒なので，震源までの距離は

$$3 \times 36 = 108\,\text{km}$$

P 波が地点 C に到着するまでにかかる時間は

$$108 \div 6 = 18\,\text{s}$$

よって，地点 C に P 波が到着した時刻は 5 時 32 分 58 秒

(7) アについて，緊急地震速報は地震直後に震源近くの地震計で振動を感知し，気象庁が発表するものであるので誤り。イは正しい。ウは正しい。エについて，マグニチュードが大きい地震であっても，震源が深い場合などは震央付近のゆれは小さくなるので誤り。

163 (1)(2) 下図

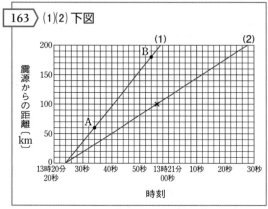

解説 (1) まず，P 波の発生時刻を知る必要がある。

そのためには，P 波の速度を求めなければならない。表より，120 km の距離を 20 秒で進んでいることがわかるので，速度は次のようになる。

$$120\,\text{km} \div 20\,\text{s} = 6\,\text{km/s}$$

60 km の距離を秒速 6 km で進むので，かかる時間は次のようになる。

$$60\,\text{km} \div 6\,\text{km/s} = 10\,\text{s}$$

よって，P 波は 13 時 20 分 24 秒に発生したとわかる。

発生した地点と，A，B の両地点を 1 本の直線で結べばよい。

A，B の観測値をかいて直線で結んでもよいが，P 波の発生時刻を求めておいたほうがより正確なグラフをかくことができる。

(2) （13 時 20 分 56 秒，100 km）の座標に「×」をかき，その座標と地震発生時刻の座標を結んで直線をかけばよい。

164 ① $\dfrac{x}{a} - \dfrac{x}{b}$　② $\dfrac{ab}{b-a}t$

解説 ①S 波，P 波が届くまでにかかる時間はそれぞれ $\dfrac{x}{a}$〔s〕，$\dfrac{x}{b}$〔s〕となる。P 波が到着してから S 波が到着するまでの時間が初期微動継続時間なので，$t = \dfrac{x}{a} - \dfrac{x}{b}$〔s〕となる。

② $t = \dfrac{x}{a} - \dfrac{x}{b}$ の両辺を入れかえ，両辺に ab をかけると，$bx - ax = abt$ となる。これより $(b - a)x = abt$ となり，$x = \dfrac{ab}{b-a}t$ となる。

165 (1) ① ア　② イ

(2) 初期のゆれの P 波より大きなゆれをもたらす S 波の速さの方が遅いため。

解説 (1) 図 1 では地震のときに記録用紙が上下に，図 2 では左右にゆれる。おもりは針が動かないようにする役割がある。

実物を見たことがなくても，記録用紙の取りつけ方を見て，記録用紙がどのようにゆれるか判断できれば，答えることができる。

(2) P 波より S 波のほうが遅いので，震源近くでとらえた P 波のデータから，離れた地点で主要動がはじまる時刻を予想できる。

166 震度…ある地点での地面のゆれの大きさ
マグニチュード…地震そのものの規模

解説 ある地点での地面のゆれの大きさを表すのが

震度で，地震の規模を表すのがマグニチュードである。

167 (1) イ　　(2) ウ
　　(3) 土地の性質がちがうから。

解説 (1) 家の中にいた全員がゆれを感じるほどのゆれの強さは，震度3である。震度1では，家の中で静かにしている人の一部がゆれを感じ，震度5弱では食器が落ちたり，固定していない家具が動いたりする。震度6弱では，人が立つことが困難で，窓ガラスが割れたり，屋根のかわらが落下したりすることがある。

それぞれの震度で起こるとされている被害は，過去のデータに基づいている。実際に起こる被害はそれより大きいこともあれば，小さいこともある。たとえば，古い木造建築物であれば，震度5弱であっても建物全体がかたむくことがある。

(2) 震度6弱が最も大きいので，その近くに震源があることが予想できる。

(3) 地盤の固さによって，ゆれ方は変わってくる。

168 (1) イ　　(2) C

解説 (1) アは震度6強，ウは震度1，エは震度0である。

選択肢の内容を見ると，ゆれの強さはエ，ウ，イ，アの順に大きくなる。ゆれの強さから判断してもよい。

(2) 10時13分33秒にゆれはじめた場所を通る円をかいてみるとわかる。

169 (1) ア
　　(2) 図…ウ
　　　説明…日本付近では，海洋プレート
　　　が大陸プレートの下に沈みこむこと
　　　で，地震が発生しているから。

解説 (1) 海洋プレートが沈みこみ，大陸プレートがそれに引きずられる。引きずりこまれた大陸プレートがたえきれず反発することで地震が起こる。

(2) (1)の図を参考にして，大陸プレートの反発が起こる場所と震源が一致している図を選べばよい。

170 (1) ア　　(2) 津波

解説 (1) 大陸プレートは海洋プレートに引きずりこまれるため，地点Rはまず沈降する。大陸プレートが反発すると，地点Rは隆起する。再び大陸プレートは海洋プレートに引きずりこまれるので，地点Rはまた沈降する。よって，アが適する。

(2) 津波は海底の地震が原因で起こる。

海底で地震が発生したときに，海水が押し上げられ，津波が発生する。その津波が浅いところにくると，急に大きくなる。

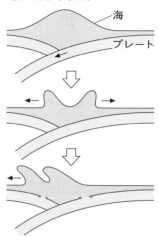

津波のおそれがあるときは，海岸から離れ，高い場所に逃げるようにする。

171 (1) 緊急地震速報
　　(2) イ
　　(3) 隆起…ア　　沈降…エ
　　(4) 6

解説 (2) 正断層は左右に引く力によってつくられる断層で，断層面の上側の地層がずり下がった形となる。逆断層はその逆で，左右から押す力によってつくられる断層で，断層面の上側の地層が乗り上がった形となる。図1の写真から断層面の上側が乗り上がった形になっていることがわかるので，イが正しい。

(3) イの三角州とオの扇状地は河川による堆積作用，ウのV字谷は河川の侵食作用によって形成されるものである。

(4) 震度は0〜4，5弱，5強，6弱，6強，7の全10階級に分類されているため，5弱は6番目である。

172 (1) 10　　(2) 5km/s　　(3) 18km

解説 (1) 震度は0から7までの数字で表され，震度5と震度6は強・弱の2段階ある。
(2) 45kmの距離を9秒で進むので，速さは
$$45km ÷ 9s = 5km/s$$
となる。
(3) 震央と学校は24km離れている。図の三角形と対応させると，距離を求めることができる。深さをx[km]として，比をたてる。

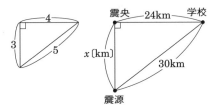

$$4 : 24km = 3 : x[km]$$
これを解くと，$x = 18km$となる。

173 (1) 針が動かないようにする役割をしている。
(2) ① ア…7　　イ…マグニチュード
　　② 128倍

解説 (1) 図は，上下のゆれを記録する地震計である。おもりがないと，針は地震のゆれとともに動いてしまうが，おもりがあることで針が動かないようになり，地震のゆれを記録することができる。
(2) ②表より，マグニチュードが0.2大きくなると，エネルギーの大きさが2倍になり，マグニチュードが1大きくなると，エネルギーが32倍になることがわかる。マグニチュードが1.4大きくなると，エネルギーは$32 × 2 × 2 = 128$倍になる。

⊿ 得点アップ

▶マグニチュードとエネルギーの大きさ
マグニチュード：　　1 ⟶ 2 ⟶ 3
エネルギーの大きさ：　×32　×32

174 (1) イ　　(2) エ

解説 (1) アは震度5弱以上，ウは震度6弱，エは震度5強である。イとウでどちらが震度が大きいか判断に迷うが，人が立っていられないことと，窓ガラスの落下や家具の転倒を比べると，窓ガラ

スの落下や家具の転倒のほうがゆれが大きいと判断できる。
(2) ア…1つの地震について，マグニチュードは1つである。よって誤り。
イ…震源の深さはこのことには関係ない。よって誤り。
ウ…初期微動継続時間の長さは震源からの距離で決まるので，震度は関係ない。よって誤り。

175 (1) ウ　　(2) マグニチュード
　　(3) 80km

解説 (1) 1.5という震度はないので，ウが誤りである。震度(階級)を表すのに，小数点以下の数字を使うことはない。
(2) マグニチュードをMと表すこともある。
(3) P波のほうが速く進むので，左の直線がP波，右の直線がS波を表しているとわかる。2つの直線の間が初期微動継続時間を表す。

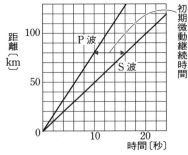

この地震は，初期微動継続時間が6秒である。グラフの横軸は1目盛り2秒なので，2つの直線の間が3目盛り分あいているところを探すとよい。

176 10秒

解説 A地点にP波とS波がそれぞれ到着するのにかかる時間を求めて，その差を求める。
まず，P波，S波の秒速を求める。
P波：$150km ÷ 25s = 6km/s$
S波：$90km ÷ 25s = 3.6km/s$
それぞれの波がA地点に到着するまでにかかる時間を求める。
P波：$90km ÷ 6km/s = 15s$
S波：$90km ÷ 3.6km/s = 25s$
よって，初期微動継続時間は次のようになる。
$$25s - 15s = 10s$$

177 (1) **イ**
(2) 距離…**16km**　深さ…**12km**

解説 (1)　ア…震源からの距離が近いと情報が間に
合わないことがあるので，正しい。
イ…ゆれの大きさの予測には誤差が生じることが
あるため，誤り。
ウ…あわてて避難する人も出てきて事故が起きる
可能性は十分ある。よって正しい。
エ…緊急地震速報はテレビ番組放送中でも伝えら
れる。よって正しい。
(2)　震源をCとすると，三角形ABCは，辺の長さ
の比が3：4：5になるので，直角三角形となる。
点Cから辺ABに垂線を引くと，辺ABと垂線
との交点が震央Dとなる。

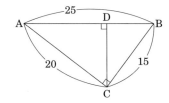

点Aから震央までの距離が辺AD，震源の深
さが辺CDとなる。三角形ABCと三角形ACD
は相似なので，比を用いてAD，CDの長さを求
めることができる。

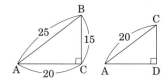

AB：AC＝AC：ADより，
　　25：20＝20：AD
　　5：4＝20：AD
よって，AD＝16km
同様にして，AB：AC＝BC：CDより，
　　5：4＝15：CD
よって，CD＝12km

178 A…ウ　B…イ　C…ア

解説 Bは火山帯(那須火山帯)と重なっているため，
地震の回数が多いと考えられる。AとCを比べると，
Cで起こる地震のほうが震源が浅い。そのため，C
のほうが初期微動継続時間が短いと考えられる。

179 (1) **カ**　(2) ①(C)　②(A)

解説 (1)　地震のゆれは同心円状に伝わっていく。

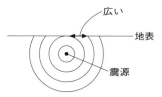

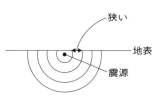

図のように，震源が深いほど，最初のゆれが地
表に伝わる間隔が広くなることがわかる。
マグニチュードが大きいほど広い範囲でゆれを
観測するが，ゆれる範囲の広さは(a)，(b)ではそれ
ほど大きな違いが見られない。震源に近いほど震
度は大きくなるが，(a)，(b)の図からは，震度の違
いはわからない。
(2)　① 初期微動継続時間が最も短いものを選べば
よい。
②(A)，(C)，(D)は主要動のゆれの大きさが同じく
らいである。(A)は初期微動継続時間が最も長
いにもかかわらず主要動が(C)，(D)と同じくら
いなので，マグニチュードが大きいと考えら
れる。

180 (1) **7.5mm**　(2) **66cm**

解説 (1)　40年間に30cm沈降しているので，平
均すると，1年に
　　300mm ÷ 40 ＝ 7.5mm
沈降していることになる。
(2)　(1)より，1年に7.5mm沈降しているので，6年
では
　　7.5mm × 6 ＝ 45mm
沈降していることになる。よって，46年間では
345mm ＝ 34.5cm沈降していることになる。南
海地震によって，土地は1900年と比べて100cm
高くなったので，隆起量は
　　100 − 34.5 ≒ 66cm
となる。

3 地層

181 (1) ウ　　(2) ア　　(3) ウ

解説 (1)　川が蛇行するのは平野部である。よって，高度が低い場所を選べばよい。

(2)　V字谷は，川の上流で形成されやすい。

(3)　C地点は，川が開けた平野部に出るところである。カルデラは，火山の火口周辺にできるくぼ地で，そこにできた湖をカルデラ湖という。フィヨルドは，氷河により形成された地形に海水が入り込んでできた地形である。カルスト地形は，おもに石灰岩でできた土地が雨水などによって溶けてできる地形である。

⑦ 得点アップ

▶流水によってできる地形

V字谷…流水のはたらきで，侵食によってできる。

扇状地…河川が山から平地へ流れるところにできる。

三角州…河川の河口付近で山などから運ばれてきた土砂が堆積してできた地形。

182 (1) ① ウ　　② イ

(2) れき岩の粒のほうが丸みをおびている。

解説 (1)　上流から下流に行くにつれて，れきは小さくなっていく。流れる水のはたらきで，土地が侵食されることによって谷はできる。

(2)　粒が丸みをおびているのは，川の水によって運ばれるうちに角がとれてくるためである。

183 (1) ① ア　　② エ

(2) ① 泥を多く含むもの　　② 堆積岩

解説 (1)　① 砂と泥では砂のほうが重いので，砂が先に沈む。同じ作業を3回行ったので，上に泥があり下に砂がある層が3層できる。

② 堆積によってできる地層は，上に行くにつれて粒の大きさが小さくなるのがふつうである。①では下から砂，泥，砂，泥となっているので，堆積以外のことが起こっていると考えられる。

(2) ① 粒の小さいものほど軽いので，より遠くへ運ばれる。

② 水によって運ばれてきた砂や泥が水底に堆積してできる岩石を堆積岩という。

184 (1) 石灰岩　　(2) 泥岩

(3) 流紋岩　　(4) B, D

解説 (1)　炭酸カルシウムは石灰質成分である。石灰質生物の遺がいからできる岩石を石灰岩という。

(2)　Bは砂岩である。砂岩は，水で運ばれた砂が水底に堆積してできる。砂よりも粒が小さいのは泥で，泥が堆積してできる岩石は泥岩である。

(3)　斑晶と石基が見られることから，火山岩とわかる。石英，長石，黒雲母を含む火山岩は流紋岩である。

(4)　C，Eは火成岩，A，B，Dは堆積岩である。

185 (1) b, a, d, c　　(2) 38m

(3) 凝灰岩

解説 (1)　地点Pの柱状図からb→aの順に堆積したことがわかる。さらに，地点Qの柱状図から，a→d→cの順に堆積したことがわかる。

(2)　地点Pと地点Rは，a層が共通している。地点Pの地層aの下面は地表よりも2m低いので，標高33mとわかる。地点Rでは，地層aの下面は，地表より5m低い。

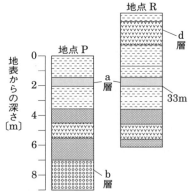

地表より5m低いところが標高33mにあたるので，地点Rの標高は，33＋5＝38mである。

186 (1) 海の深さが浅くなった。

(2) イ　　(3) ア

解説 (1)　砂とれきでは砂のほうが粒が小さいので，

より遠くに運ばれる。砂が長年の間堆積して水深が浅くなり，れきが堆積するようになったと考えられる。

(2) 火山灰は広い範囲にわたって降る。そのため火山灰層も広い範囲に分布することになり，地層をつなぐのに有効な手がかりとなる。

(3) 図2の柱状図の火山灰層以下の層を見ると，A，Bの層はC，Dの層と比べて下がっていることがわかる。A，Bは北よりの場所なので，地層は北に向かって下がっていることがわかる。道路側からX地点の露頭を見ると，露頭を西側から観察することになる。西側から見たとき，北は左側である。よって，地層は左側に下がっているように見える。
選択肢のうち，地層が左側に下がっているのはアとウである。このうち，地層が図2と同じ重なり方をしているのはアである。

---

187 (1) ウ
(2) 化石が大きさの基準となるものと一緒に写っているから。

解説 (1) からだを保護する点で，半そで，半ズボンは適さない。このような場合，長そで，長ズボンで，動きやすい服装を選ぶ。また，岩石やハンマーなどで手をけがをしないように，軍手も用意する。
(2) 大きさの基準となるものを化石のそばに置くことで，化石の大きさが一目でわかる。

---

188 (1) ア (2) イ (3) サンヨウチュウ
(4) ③ア (4) イ (5) 示準化石

解説 (1) フズリナは古生代に栄えた生物である。
(2)(3) 古生代の生物には，他にもサンヨウチュウがある。アはブナの葉の化石で，示相化石にあたる。ウはアンモナイトの化石で，中生代の化石である。エはビカリアの化石で，新生代の化石である。
(4)(5) 広い範囲に生息し，限られた期間に栄えた生物の化石が，年代を決める手がかりになる。このような化石を示準化石という。
示相化石と示準化石を混同しないように注意すること。

---

191 (1) イ　　(2) イ，オ
(3) Ⅲ→Ⅰ→Ⅳ

解説 (1) 河口付近の地層なので，河口付近に堆積するものを選べばよい。シジミが生活するのは砂の中なので，イが考えられる。

(2) ビカリアは新生代の示準化石なので，ｂとｆは同じ時代の地層と考えられる。シジミの化石は当時の環境を知る手がかりにはなるが，時代までは推定できない。このため，ｄとｈは同じ時代の地層かどうかはわからない。れき岩も当時の環境を知る手がかりにはなるが，時代までは推定できないので，ｃとｇが同じ地層かどうかはわからない。ａとｅは鉱物の色が異なるので，異なる火山噴出物と考えられる。以上のことからａとｉ，ｂとｆがつながっていると考えられる。

(3) (2)より，ｂとｆ，ａとｉがつながっていると考えられるので，Ⅲ→Ⅰ→Ⅳの順にできたと考えられる。シジミの化石が入っているｄとｈは，同じ時代にできたかどうかわからない。このため，地層Ⅱはこのなかに入れることができない。

192 (1) ウ　　(2) イ
(3) 火山の噴火

解説 (1) 柱状図の0mの地点を，各地点の最も低い点に合わせて考える。選択肢に東西南北があるので，東西と南北に分けて考え，どの方向に傾いているかを調べる。
　まず，ＢとＤを比べ，南北方向で傾きがあるかどうかで調べる。Ｂの砂岩〜凝灰岩〜砂岩の層は標高30〜40mほどであり，Ｄの同じ層も標高はほぼ等しいので，南北の傾きはない。
　同様に，ＡとＣを比べ，東西方向で傾きがあるかどうか調べる。Ａの砂岩〜凝灰岩〜砂岩の層は標高20〜30mほどだが，Ｃの同じ層は標高40〜50mほどである。Ａの層はＣの層の西側にあるので，西側に傾いていることがわかる。

(2) 下のほうられき岩→砂岩→泥岩となっている。細かい粒のほうが遠くまで流されるので，この地域は海岸近くから沖合に変化したと考えられる。

(3) 凝灰岩は火山灰でできている。このため，過去に火山の噴火があったと考えられる。

193 (1) アサリ　　(2) イ

解説 (1) 図の貝はアサリかハマグリが考えられるが，貝殻に縦の模様が入っている点から，アサリと判断できる。

(2) アサリは淡水の影響のある浅い海に生息する。

194 (1) 断層
(2) 環境…暖かくて，浅い海
　　　岩石…石灰岩
(3) 水底で堆積した地層がいったん隆起し，侵食を受けたのち，再び沈降して，その上に地層ができた。

解説 (1) 地層のずれを断層という。

(2) サンゴは暖かくて浅い海に生息する。塩酸をかけて気体が発生するのは石灰岩である。

(3) 凝灰岩の上にれき岩があり，れき岩の上に砂岩の層があることから，れき岩の層が沈降した後に堆積したと考えられる。地層の不連続な重なりは，隆起した後に風や水などの侵食を受けてできる。よって起こる順序としては，隆起→侵食→沈降となる。

195 (1) イ
(2) 白っぽいいれき…石灰岩
　　　黒っぽいいれき…砂岩
(3) イ，ウ，エ
(4) ビカリア…新生代
　　　フズリナ…古生代
(5) ア，オ

解説 (1) 2つの不整合面に注目する。石灰岩層と砂層の間に不整合面があるので，隆起して侵食を受けたことが考えられる。その後沈降して砂層などが堆積し，大地が変動して傾いた後，再び隆起し，土壌の下の不整合面ができたと考えられる。

(2) 色と含まれる化石から，白っぽいいれきは石灰岩とわかる。1mmくらいの大きさの粒でできていることから，黒っぽいいれきは砂岩とわかる。

(3) 火成岩には化石は含まれない。化石を含む可能性があるのは堆積岩である。

(4) ビカリアは新生代に，フズリナは古生代に生息していた生物で，それぞれ代表的な示準化石となる生物である。

(5) ア…川の両端が階段状になっている地形を河岸段丘という。河岸段丘は，土地が隆起した後，

川の両端が侵食や風化を受けることによってできる。よって誤り。

イ…大雨などで一時的に増水すると，ふだんは運ばれてこないようなれきなども運ばれてくることが考えられる。水が引いた後，運ばれてきたれきなどが残れば，砂，泥，れきなどが混じって存在することになる。よって正しい。

ウ…流れのゆるいところに砂は堆積するので，正しい。

エ…流れの強い上流は大きなれきがたくさん見られるので，正しい。

オ…大きなれきは，風化や侵食を受けた後にそのまま残ったものである。よって誤り。

得点アップ

▶粒の大きさ
れき…2mm 以上
砂…0.06 〜 2mm
泥…0.06mm 以下

第4回 実力テスト

1 (1) ①カ ②イ ③エ ④ア ⑤ウ
(2) a…イ b…オ
(3) 石基
(4) C
(5) ウ

解説 (1) 水底や陸上で積もった土砂が押し固められてできるのが，堆積岩である。火山活動で生じる岩石が火成岩である。火成岩には火山岩と深成岩がある。岩石が地下深くで熱や圧力の変化を受けてできる岩石を変成岩という。

(2) 表の a，b は無色鉱物である。無色鉱物は石英，長石であるが，どの火成岩にも含まれるのは長石である。

(3) 図は火山岩を示したものである。地表近くで固まったために，結晶になった部分とそうでない部分ができる。この細かな粒の部分を石基といい，結晶の部分を斑晶という。

(4)(5) 造岩鉱物の分量から C，F のいずれかになるが，火山岩なので C になる。火山岩でこの比率の岩石は玄武岩である。

2 (1) エ
(2) ア，ウ，エ，オ
(3) イ
(4) 沈みこむプレートの圧力で上昇した。
(17字)

解説 (1) 選択肢ア〜ウはいずれも有色鉱物で，輝石も有色鉱物である。よって，無色鉱物である斜長石が異なる。

(2) 海嶺は，プレートが生まれるところである。ホットスポットは，マグマが地下から出てくる部分で，ホットスポットの上をプレートが移動することによりハワイ諸島ができた。
海溝はプレートが沈みこむ場所である。火山帯は海溝にほぼ平行に分布している。海洋プレートが大陸プレートの下に沈みこむと，大陸プレートが力を受けるため，地層が曲がることが考えられる。これがしゅう曲である。弧状列島は，プレートの境界にできる列島である。

(3) 地球は表面より地殻, マントル, 核という構造になっている。地殻は厚さが5～50km, マントルは厚さ2900km, 核は半径3470km(外核の厚さは2200km, 内核の半径が1270km)である。地表から100kmの深さにあるのはマントルである。

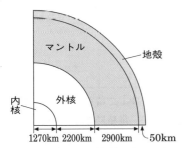

(4) プレートが沈みこむ場所であることから, 海洋プレートの沈みこみによって大陸プレートの下にあるマントルが持ち上げられたと考えられる。

---

3 (1) A…ア B…カ
(2) オ
(3) イ (4) ウ (5) ウ

解説 (1) 震度の大きさは0～7の数字を使って表され, 震度5と6については強・弱の2段階に分けて表している。

(2) マグニチュードが2大きくなると, エネルギーは1000倍になると定められている。これは, マグニチュードが1大きくなるごとにエネルギーが約32倍になるということである。

(3) 2004年の中越地震では震源の深さは17kmで, 2007年の中越沖地震では震源の深さは13kmである。震源から震央までの距離は, 中越地震のときのほうが長い。このため, 中越地震のほうが, 初期微動継続時間が長いと考えられる。

(4) 津波警報は, 海底を震源とする地震が起きたときに発令される。

(5) 水道・電気・ガス・通信などをまとめてライフラインという。ライフラインは和製英語である。

---

4 (1) ① ア ② キ
(2) エ
(3) 不整合
(4) ウ

解説 (1) ① 柱状図を調べると, れき岩層は70m以上の高さにあるので, 水平であることがわか

る。

② 砂岩層はBからAに向かって, 石灰岩層はBからA, DからCに向かって下がっている。B→A, D→Cは北に向かう方向なので, 北向きに傾いていることがわかる。また, BとCを比べると, 石灰岩層と泥岩層はCのほうが下がっている。このことから東に傾いていることもわかる。B→A, D→Cはそれぞれ10m下がっており, B→Cでは10m下がっている。このことから, 北東に傾いていることがわかる。

(2) ビカリアは新生代新第三紀の示準化石である。

(3) (1)よりれき岩層は水平だが, それより下の層は傾いていることがわかる。そのため, 地層の不連続な重なりができ, その上にれき岩層ができたと考えられる。

(4) 不整合面があるので, 一度沈降したと考えられる。つまり, 沈降する前に一度陸地だったことがあると考えられる。